能源与环境出版工程
（第二期）

总主编 翁史烈

"十三五"国家重点图书出版规划项目
上海市文教结合"高校服务国家重大战略出版工程"资助项目

燃气轮机可靠性维护
理论及应用

Reliability Maintenance Theory and
Its Applications for Gas Turbine Engine

张会生 周登极 编著

上海交通大学出版社
SHANGHAI JIAO TONG UNIVERSITY PRESS

内容提要

本书是以可靠性为中心的燃气轮机维护理论及方法研究的专业书籍,主要内容包括燃气轮机可靠性维护理论的基础知识,燃气轮机 RCM 技术中所使用的理论方法及工具,燃气轮机维护中常见的各类故障分析以及维护方式和策略,RCM 技术的应用分析等。

本书可作为燃气轮机(或相关设备)专业的高层次人才培养教学用书,也可以供广大工程技术人员,尤其是燃气轮机系统维护技术相关的管理及技术人员参考。

图书在版编目(CIP)数据

燃气轮机可靠性维护理论及应用/张会生,周登极编著.
—上海:上海交通大学出版社,2016
能源与环境出版工程
ISBN 978 - 7 - 313 - 15059 - 2

Ⅰ.①燃… Ⅱ.①张…②周… Ⅲ.①燃气轮机-可靠性-维修-研究 Ⅳ.①TK478

中国版本图书馆 CIP 数据核字(2016)第 191771 号

燃气轮机可靠性维护理论及应用

编　　著:张会生　周登极
出版发行:上海交通大学出版社　　　　　　　　　　地　　址:上海市番禺路 951 号
邮政编码:200030　　　　　　　　　　　　　　　　电　　话:021 - 64071208
出 版 人:韩建民
印　　制:上海万卷印刷有限公司　　　　　　　　　经　　销:全国新华书店
开　　本:710mm×1000mm　1/16　　　　　　　　印　　张:16.75
字　　数:308 千字
版　　次:2016 年 9 月第 1 版　　　　　　　　　　印　　次:2016 年 9 月第 1 次印刷
书　　号:ISBN 978 - 7 - 313 - 15059 - 2/TK
定　　价:118.00 元

能源与环境出版工程
丛书学术指导委员会

主　任

杜祥琬（中国工程院原副院长、中国工程院院士）

委　员（以姓氏笔画为序）

苏万华（天津大学教授、中国工程院院士）

岑可法（浙江大学教授、中国工程院院士）

郑　平（上海交通大学教授、中国科学院院士）

饶芳权（上海交通大学教授、中国工程院院士）

闻雪友（中国船舶工业集团公司 703 研究所研究员、中国工程院院士）

秦裕琨（哈尔滨工业大学教授、中国工程院院士）

倪维斗（清华大学原副校长、教授、中国工程院院士）

徐建中（中国科学院工程热物理研究所研究员、中国科学院院士）

陶文铨（西安交通大学教授、中国科学院院士）

蔡睿贤（中国科学院工程热物理研究所研究员、中国科学院院士）

能源与环境出版工程
丛书编委会

总　　序

能源是经济社会发展的基础,同时也是影响经济社会发展的主要因素。为了满足经济社会发展的需要,进入 21 世纪以来,短短十年间(2002—2012年),全世界一次能源总消费从 96 亿吨油当量增加到 125 亿吨油当量,能源资源供需矛盾和生态环境恶化问题日益突显。

在此期间,改革开放政策的实施极大地解放了我国的社会生产力,我国国内生产总值从 10 万亿元人民币猛增到 52 万亿元人民币,一跃成为仅次于美国的世界第二大经济体,经济社会发展取得了举世瞩目的成绩!

为了支持经济社会的高速发展,我国能源生产和消费也有惊人的进步和变化,此期间全世界一次能源的消费增量 28.8 亿吨油当量竟有 57.7% 发生在中国! 经济发展面临着能源供应和环境保护的双重巨大压力。

目前,为了人类社会的可持续发展,世界能源发展已进入新一轮战略调整期,发达国家和新兴国家纷纷制定能源发展战略。战略重点在于:提高化石能源开采和利用率;大力开发可再生能源;最大限度地减少有害物质和温室气体排放,从而实现能源生产和消费的高效、低碳、清洁发展。对高速发展中的我国而言,能源问题的求解直接关系到现代化建设进程,能源已成为中国可持续发展的关键! 因此,我们更有必要以加快转变能源发展方式为主线,以增强自主创新能力为着力点,规划能源新技术的研发和应用。

在国家重视和政策激励之下,我国能源领域的新概念、新技术、新成果不断涌现;上海交通大学出版社出版的江泽民学长著作《中国能源问题研究》(2008 年)更是从战略的高度为我国指出了能源可持续的健康发展之路。为了"对接国家能源可持续发展战略,构建适应世界能源科学技术发展趋势的能源科研交流平台",我们策划、组织编写了这套"能源与环境出版工

程"丛书,其目的在于:

一是系统总结几十年来机械动力中能源利用和环境保护的新技术新成果;

二是引进、翻译一些关于"能源与环境"研究领域前沿的书籍,为我国能源与环境领域的技术攻关提供智力参考;

三是优化能源与环境专业教材,为高水平技术人员的培养提供一套系统、全面的教科书或教学参考书,满足人才培养对教材的迫切需求;

四是构建一个适应世界能源科学技术发展趋势的能源科研交流平台。

该学术丛书以能源和环境的关系为主线,重点围绕机械过程中的能源转换和利用过程以及这些过程中产生的环境污染治理问题,主要涵盖能源与动力、生物质能、燃料电池、太阳能、风能、智能电网、能源材料、大气污染与气候变化等专业方向,汇集能源与环境领域的关键性技术和成果,注重理论与实践的结合,注重经典性与前瞻性的结合。图书分为译著、专著、教材和工具书等几个模块,其内容包括能源与环境领域内专家们最先进的理论方法和技术成果,也包括能源与环境工程一线的理论和实践。如钟芳源等撰写的《燃气轮机设计》是经典性与前瞻性相统一的工程力作;黄震等撰写的《机动车可吸入颗粒物排放与城市大气污染》和王如竹等撰写的《绿色建筑能源系统》是依托国家重大科研项目的新成果新技术。

为确保这套"能源与环境"丛书具有高品质和重大的社会价值,出版社邀请了杜祥琬院士、黄震教授、王如竹教授等专家,组建了学术指导委员会和编委会,并召开了多次编撰研讨会,商谈丛书框架,精选书目,落实作者。

该学术丛书在策划之初,就受到了国际科技出版集团 Springer 和国际学术出版集团 John Wiley & Sons 的关注,与我们签订了合作出版框架协议。经过严格的同行评审,Springer 首批购买了《低铂燃料电池技术》(*Low Platinum Fuel Cell Technologies*)、《生物质水热氧化法生产高附加值化工产品》(*Hydrothermal Conversion of Biomass into Chemicals*)和《燃煤烟气汞排放控制》(*Coal Fired Flue Gas Mercury Emission Controls*)三本书的英文版权,John Wiley & Sons 购买了《除湿剂超声波再生技术》(*Ultrasonic Technology for Desiccant Regeneration*)的英文版权。这些著作的成功输出体现了图书较高的学术水平和良好的品质。

　　希望这套书的出版能够有益于能源与环境领域里人才的培养,有益于能源与环境领域的技术创新,为我国能源与环境的科研成果提供一个展示的平台,引领国内外前沿学术交流和创新并推动平台的国际化发展!

翁史烈

2013 年 8 月

前　言

　　燃气轮机作为一种高效、清洁的动力装置,除在航空领域之外,目前在发电、原油与天然气输送、交通运输以及冶金、化工等部门都已得到了广泛应用。新的燃气轮机产品型号不断出现,机组性能不断改善提高,在世界范围已形成一个不断增长、庞大的燃气轮机市场,从而对设备的可靠运行和维护提出了巨大的需求。以可靠性为中心的维修(RCM)是目前国际上通用的用以确定设备预防性维修需求、优化危险策略的一种管理方法。为了在燃气轮机领域推广 RCM 技术,将该方法有效地应用于燃气轮机系统的运行和维护,迫切需要编写一部系统阐述燃气轮机可靠性理论方法及应用技术的著作。

　　全书共 8 章,第 1 章介绍了维护的基础理论,对各类维护技术的特点进行分析,并总结燃气轮机维护的现状;第 2 章介绍可靠性的主要指标,并对各种可靠性分布函数进行总结;第 3 章对 RCM 技术的特点及其在燃气轮机维护中的适用性进行分析;第 4 章对燃气轮机 RCM 技术中所使用的理论方法及工具进行系统的阐述,包括故障模式影响及危害性分析(FMECA)方法,逻辑决断方法,燃气轮机性能评估以及 RCM 维修决策模型,从而对燃气轮机以可靠性为中心的维护工作提供系统的解决方法和工具;第 5 章到第 7 章针对燃气轮机 RCM 技术中常见的气路故障、结构故障以及辅助系统故障等进行分类分析,在逻辑决断的基础上,给出相应的维护方式及维护策略的建议,并进行相应的验证工作;第 8 章针对天然气输气管线上的某型燃驱压缩机组进行 RCM 技术的应用分析,给出了采用 RCM 技术后的新的维护大纲。

　　本书可作为燃气轮机(或相关设备)专业的高层次人才培养教学用书,

也可以供广大工程技术人员,尤其是燃气轮机系统维护技术相关的管理及技术人员学习参考。

本书得以成稿,要感谢中国石油西气东输管道分公司压缩机处的各位同仁,正是他们的鼎力支持和对技术管理的不断追求,才有了本书的诞生。感谢课题组研究生陈金伟、张蒙、于子强等在本书编写过程中提供的帮助。

本书涉及面广,编著者水平有限,书中存在的疏漏谬误之处,恳请专家、读者批评指正。

符 号 表

EOH	等效运行小时,h	F_{aa}	热膨胀系数
R	可靠性	p	压力,Pa
F	累积故障概率	C_1	传感器流动系数
λ	故障率	Re	雷诺数
f	故障概率密度	V	流速,m/s
$MTTF$	平均故障前时间	μ	黏度,Pa/s
$MTBF$	平均寿命	ρ	密度,kg/m³
MTT	平均故障修复时间	Y_a	膨胀系数
δ	相对设计点的变化量	q_m	质量流量,kg/s
T_2	压气机排气温度,K	ε	可膨胀性系数
T_3	涡轮入口温度,K	β	孔径比
T_4	涡轮排气温度,K	κ	等熵指数
σ	总压恢复系数	M_a	干空气的摩尔质量,kg/kmol
η	效率	R	摩尔气体常量
G	质量流量,kg/s	Z_a	干空气标准条件下压缩因子
f	油气比	Z_n	天然气标准条件下压缩因子
S	诊断矩阵	Z_1	天然气操作条件下压缩因子
x_{ti}	粒子 i 在第 t 代的位置	G_r	天然气的真实相对密度
v_{ti}	粒子 i 在第 t 代的速度	T	温度,K,时刻
w	惯性系数	π	压比
c_1,c_2	加速度系数	h	比焓,J/kg
R_r	实际风险	G	质量流量,kg/s
R_{emp}	经验风险	η_s	等熵效率
R_{con}	置信风险	η_m	压气机相对效率
d	孔径,m	s	比熵,J/(kg·K)
D	内径,m	W	功,J

h_v	热值,J/kg	T_f	故障维护所需的平均时间
Q_{loss}	燃烧室的热量损失,J	$F(t)$	时间累积分部函数
η_c	燃烧室效率	$R(t)$	可靠度函数
n	待评价功能属性数	$f(t)$	故障密度函数
m	评价属性的评价内容数	t	时间,s
r	隶属关系	$h(t)$	失效率函数
A_k	各性能属性下的权重集	a_k	失效率增长因子
$\boldsymbol{R}_k$	模糊判断矩阵	b_k	年龄减少因子
C_f	每次故障维护的总费用	J	替换的剩余运行时间
C_p	每次定时维护的总费用	y	系统实际或预测的有效年龄
c_r	替换费用	**上标**	
c_m	单次小修费用	i	涡轮的第 i 级
$C_a(T)$	进行定时维护每单位时间所需的管理费用	$*$	滞止状态
		—	折合参数
$C(T, t)$	以间隔期 T 进行定时维护时,在时间 $[0, t]$ 内的期望费用	**下标**	
		0	静叶进口状态
$C(T)$	以间隔期 T 进行定时维护时,长期使用下的单位时间的费用	1	静叶出口状态
		2	动叶出口状态
		exgas	烟气
		air	空气
$A(T)$	以间隔期 T 进行工龄更换时,长期使用下的平均可用度	fuel	燃料
		C	压气机
		T	涡轮
		b	燃烧室
$P_b(t)$	以间隔期 T 进行定时维护时,在任一时刻 t 之前产品的故障风险	in	进气
		out	排气
T_p	预防性维护所需的平均时间		

缩 略 词

PSO   粒子群算法   Particle Swarm Optimization
SVM   支持向量机   Support Vector Machine
SRM   结构风险最小化   Structure Risk Minimization
CM   纠正性维护   Corrective Maintenance
PM   预防性维护   Preventive Maintenance
TBM   定时维护   Time based Maintenance
CBM   视情维护   Condition based Maintenance
DBM   基于探测的维护   Detection based Maintenance
DOM   改进性维护   Design-out Maintenance
RCM   以可靠性为中心的维修   Reliability-centered Maintenance
PHM   预测与健康维护   Prognostics and Health Management
EMS   发动机状态监测系统   Engine Monitoring System
HM   健康管理   Health Management
FMECA   故障模式影响和危害性分析   Failure Mode，Effects and Criticality
                                 Analysis
FMEA   故障模式影响分析   Failure Mode and Effects Analysis
CA   危害性分析   Criticality Analysis
HPT   高压涡轮机   High Pressure Turbine
HPC   高压压气机   High Pressure Compressor
PT   动力涡轮机   Power Turbine
HSPT   高速动力涡轮   High Speed Power Turbine

目　　录

第 1 章　维护基础理论与燃气轮机维护现状

燃气轮机是继蒸汽轮机和内燃机之后的新一代动力装置。作为一种旋转式热力发动机,因为没有往复运动部件以及因此引起的不平衡惯性力,燃气轮机可以设计成很高的转速,并且工作过程连续,可以在尺寸和重量都很小的情况下产生很大的功率[1]。对于飞机等对发动机重量要求很高的航空器,燃气轮机很快成为最主要的动力装置;对于船舶、电厂等对效率要求更高的装备系统,燃气轮机的高热效率和较小的体积使得整体系统布置都更为有效。

正是由于燃气轮机具有的质量轻、体积小、功率大、起动快、污染小、热效率高、经济性好、可靠性高、寿命长等优点,自 20 世纪 30 年代成功制造以来,燃气轮机发展飞速,尤其是随着天然气资源的大量开发,燃气轮机已广泛应用于发电、分布式能源、天然气管线动力、舰船动力、坦克战车动力等军民领域,其产品谱系越来越全,应用范围越来越广泛,产业规模越来越大[2]。

作为各领域的核心设备,燃气轮机在广泛应用时,也因为恶劣的工作条件和复杂的结构成了整个装备系统维护工作的重点和难点。目前,针对燃气轮机的维护基本上建立在定时监测和维护基础上,这在一定程度上可以解决燃气轮机的维护问题。然而,燃气轮机是一个高度复杂的系统,为了提高燃气轮机的运行可靠性,减少故障与停机的发生,对燃气轮机的维护理论及维护策略进行研究就显得尤为重要。

1.1　燃气轮机装置

燃气轮机是一种将热能转化为机械功的高速回转式动力机械。从热力学角度来看,燃气轮机与蒸汽机、内燃机、汽轮机十分类似,都是利用高压、高温工质的焓降输出有用的机械功。这四类装置的区别主要体现在形成工质高压、高温状态的方式,以及利用工质焓降的形式两个方面[2]。其中,燃气轮机中采用的是旋转式压缩,气体通过连续旋转的叶轮实现增压,同样通过旋转叶轮实现连续的膨胀过程。

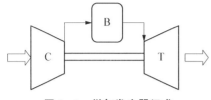

图 1-1 燃气发生器组成

1.1.1 燃气轮机主要部件与工质流程

燃气轮机以燃气为主要做功工质,一般由压气机、燃烧室、涡轮三大部件及基本辅助设备和控制系统组成,图 1-1 所示为简单开式循环的燃气发生器的组成,其中 C 为压气机,B 为燃烧室,T 为涡轮。

如图 1-1 所示,空气首先进入压气机 C 中,压缩到一定压力后送入燃烧室。同时燃油泵将燃料经由喷嘴喷入燃烧室 B 中与压缩空气混合燃烧,产生的燃气温度通常可高达 1 800~2 300 K,这时经过空气冷却后的混合燃气降低到合适的温度后进入涡轮中,先在静叶中膨胀,形成高速气流冲入固定在转子上的动叶片组成的通道,形成推力推动叶片[3],使转子转动带动负载输出机械功,或完全用于带动压气机,用喷出涡轮的排气进入大气或动力涡轮做功。

1.1.2 燃气轮机的循环原理

引用空气标准假设,简单燃气轮机装置的理想工作循环可以简化成四个可逆过程组成的理想循环,如图 1-2 虚线所示。其中,1—2 为等熵压缩过程;2—3 为定压加热过程;3—4 为等熵膨胀过程;4—1 为定压放热过程。这个循环称为定压加热理想循环,或称为布雷顿循环。

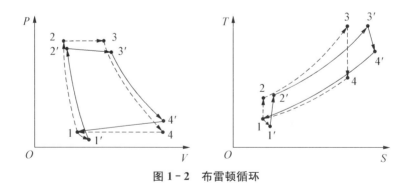

图 1-2 布雷顿循环

由于实际循环中,压缩过程和膨胀过程都是绝热而非等熵过程,定压加热放热的实际过程中会有压损,所以简单燃气轮机装置的实际循环与理想循环相对应,如图 1-2 中实线所示,令两种循环的 T_3 温度相同,1′—2′ 为绝热压缩过程;2′—3′ 为定压加热过程;3′—4′ 为绝热膨胀过程;4′—1 为定压放热过程。其中 1 为压气机进口状态,1′ 为进气道后的空气状态。

1.1.3　燃气轮机的主要应用

从以上燃气轮机的工作原理可以看出,高温、高压的燃气膨胀所做的功既可以通过直接带动负载输出转矩的方式来驱动发电机,也可以将高焓值的燃气通过喷管高速向后方喷出,带动动力涡轮做功或者直接喷入大气产生推力,从而将燃气轮机作为飞机等的动力装置使用。燃气轮机发生器是各类燃气轮机中的核心部分。图1-3(a)所示为电厂用单轴燃气轮机,发电机与压气机和涡轮共轴,发电机和压气机的耗功均由涡轮提供。图1-3(b)所示为螺旋桨类航空发动机,从动力输出的形式来说,它与电厂用燃气轮机十分相似,通过螺旋桨的高速旋转驱动飞机。图1-3(c)所示为典型的喷气类燃机,涡轮输出全部用于压气机耗功,燃气剩余焓值都用于产生高速的向后气流。图1-3(d)所示为用于非恒速负载的燃气轮机,由于其所带负载要求转速随负载变化而变化,为了保证燃气轮机压气机、涡轮的稳定工作,需要独立出不同轴的动力涡轮,其转速随负载变化而变化,以保证燃气轮机整体稳定工作[2]。

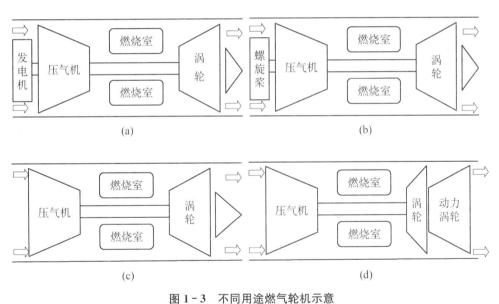

图1-3　不同用途燃气轮机示意

(a)电厂类　(b)螺旋桨类　(c)喷气类　(d)动力涡轮类

1.2　维护理论基础

"维护"一词是牛津大字典里定义为"使保持……状态";韦伯斯特词典里的解

释为"维持现有状态"。由此可以总结为,维护是使设备保持某种状态的活动。

设备的性能由设计制造决定,维护不能提高设备的性能,但是可以使之保持在某一水平。因此,对于工业设备来说,维护应该是指使设备保持设计功能和性能参数的活动。

1.2.1 维护理论及其发展

在工业发展的不同时期,人们对维护的需求和对故障模式认识的水平不同,相应的维护技术、维护类型以及维护策略不尽相同。根据维护策略、维护技术不同时期的变化特点,习惯上将维护历史分为以下三个阶段,如图1-4所示。

第三阶段(1970—　)
- 更高的设备可用度和可靠性
- 更高的安全性
- 更高的产品质量
- 对环境无危害
- 更长的设备寿命
- 更高的成本效益

第二阶段(1950—1970年):
- 更高的设备可用度
- 更长的设备寿命
- 更低的成本

第一阶段(1950年以前):
- 故障时就修换

图1-4　维护发展的三个历史阶段

第一阶段(1950年以前)。当时工业化程度不高,因而停机时间长短无足轻重。同时设备本身比较简单可靠,且设计余量比较大,故设备故障后的后果不严重,并且故障设备易于修复。所以,这个阶段,除了对设备进行简单的清洁、润滑等日常检修工作外,人们对预防性工作并不重视,维护工作主要是纠正维护,即故障后维护,维护策略也是事后维护(corrective maintenance,CM)。

第二阶段(1950—1970年)。特点是工业化程度比较高,设备故障后会严重影响生产,后果严重,而且设备比较复杂、昂贵,维护费用高。此时,人们的维护策略由纠正性维护开始转向预防性维护。为此,开始对设备故障机理进行研究,结果发现设备故障曲线是浴盆曲线,即设备有一个磨合期和一个磨损期(固定的寿命)。人们认为只要对设备进行预防性维护,就可以防止设备故障,因此维护策略由纠正性维护转变为预防性维护(preventive maintenance,PM)。也就是无论设备状态好坏,只要设备运行到一定时间,就对设备进行维护,以免设备故障,于是也称之为定期维护(time based maintenance,TBM)。

第三阶段(1970年至今),主要是通过状态监测进行的视情维护,其特点为:

(1) 随着工业化程度进一步提高,无论是维护费用的绝对值还是在总费用中的比例,都一直在上升。在有些工业领域,例如电力企业,维护费用如今已经成为最重要的成本因素。据美国统计局公布的数字,美国1980年全年的税收为7 500亿美元,用于工业设备维护的费用约2 500亿美元。我国设备年维护费用约为800多亿元,约占资产总额的7%～9%[4]。

(2) 设备故障后果日益严重。一是有些设备故障后会导致严重的经济损失。更重要的是,有些设备故障后,往往会导致严重的安全性和环境性后果。1979年美国的三哩岛事故和1986年苏联的切尔诺贝利核电站事故,不仅导致人员伤亡,还导致生态环境的严重恶化。与此同时,随着社会经济的发展和人们生活水平的提高,人们对安全和环境的要求标准也在提高。在世界上有些地区和企业,安全和环境已经到了直接决定企业是否能继续生存的地步。

由于航空业的自身特点(飞机维护价格昂贵和对安全性要求高),从20世纪50年代开始直到现在,航空业维护技术在国内外维护领域中一直处于领先地位。20世纪60年代飞机的维护大纲主要是定期解体维护。然而,后来人们逐渐发现,无论维护活动进行得如何充分,许多故障仍不能预防。人们开始怀疑传统的设备故障曲线——浴盆曲线的正确性。

早在1950年,Davis对大量数据进行研究后,发现很多设备,如轴承、电子器件及复杂的设备在正常情况下没有固定的寿命,故障是随机的。还有其他研究者如Chaos和Weibull也得到了类似结论,并建立了相应的数学模型。只是在当时的环境下,没有引起人们的重视。1960年美国运输协会(ATA)对设备故障机理进行了进一步研究,研究结果出乎人们所料:①定期大修与提高复杂设备的可靠性基本上没有关系;②大部分的故障模式不能通过预防性维护来管理。这是因为:故障模式曲线不是一种单一的浴盆曲线,而是六种曲线。

1978年在Nowlan的报告中,还给出了航空业每条曲线的比例(见图1-5)。由图可见,故障概率随运行时间增加而增加(称之为与时间相关)的故障模式只占11%,其余89%的设备故障模式与时间无关。1982年Nelson W的研究分析结果,也支持该结论。2001年美国海军对潜水艇的维护数据进行3年的研究后,也得到了类似数据;与时间有关的故障模式不超过12%。说明了航空业的报告具有普遍性,而且至今仍然有效。

从图1-5中可以看出,在这6条曲线中,A、B、C曲线,随着时间的增加,设备故障的概率增加,因此可以通过定期预防性维护来预防该种故障模式。这些故障模式,一般是腐蚀、老化、疲劳等与时间相关的故障模式,但这些故障模式所占的比例很小,一般小于12%。这可能与科学技术水平,特别是材料技术和可靠性技术发展有关。因为,当一个故障模式与时间相关时(例如海水腐蚀钢管导致钢管泄漏),人们总想通过技术手段,将该故障变为与时间无关的故障模式(例如,将介质为海水的钢管换为内衬塑料的钢管)。由于与时间有关的故障模式占的比例很小(小于12%左右),大部分的故障模式不能通过定期解体大修来管理,因此,定期大修与提高复杂设备的可靠性基本上没有关系。D、E、F曲线表明,故障模式发生的概率与时间无关。这些故障模式是随机失效和早期失效,与时间没有关系,也就是说不能通过定期的预防性维护来管理,而且设备越复杂,与时间相关的故障模式也越少。

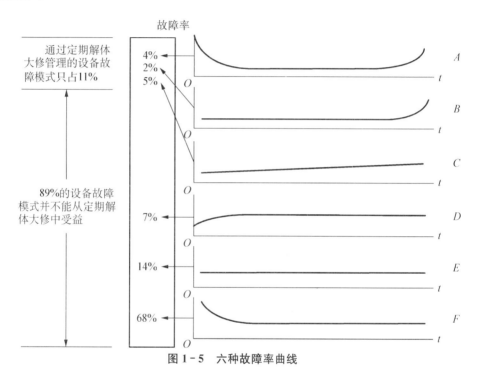

图1-5 六种故障率曲线

这一新发现和以前人们关于维护的理论相反。因此,人们需要一种新的维护策略来进行维护活动。

1.2.2 常规维护策略

瑞士标准 SS-EN13306(2001)中关于现行的各种维护策略进行了一个简单的分类,将所有维护分为预防性维护、基于故障的(事后)维护、更改设计的维护。

1) 预防性维护策略

预防性维护策略是在故障发生之前,使产品保持在规定状态所进行的各种维护活动,包括擦拭、润滑、调整、检查、定期拆修和定期更换等活动。主要包括定时维护、基于状态的维护、基于探测的维护、故障发现。

定时维护(time based maintenance,TBM)是对产品故障规律充分认识的基础上，根据规定的间隔期、固定的累积工作时间或里程、按事先安排的时间计划进行维护，而不管产品当时的状态如何。

基于状态的维护(condition based maintenance，CBM)是采用一定的状态监测技术(振动技术、滑油技术、孔探技术等)对产品可能发生功能故障的各种物理信息进行周期性检测、分析、诊断，据此推断其状态，并根据状态发展情况安排预防性维护。

基于探测的维护(detection based maintenance，DBM)通过人的感官进行状态监控并根据监控的结果进行维护。熟练的工程师，在许多情况下，能根据人的感官(看、听、摸、闻)发现一些不正常的情况。

2) 事后维护策略

事后维护又称基于失效的维护(failure based maintenance，FBM)是不在故障前采取预防性措施，而是等到发生故障或遇到损坏后，采取措施使其恢复到规定技术状态所进行的维护活动。这些措施为故障定位、故障隔离、分解、更换、再装、调校、检验以及修复损坏件等。

3) 改进性维护策略

改进性维护(improvement or modification)又称基于设计的维护(design-out maintenance，DOM)，是通过重新设计，从根本上使维护更加容易甚至消除维护，实质上已经不是维护的概念，而是维护工作的扩展，结合维护工作修改产品的设计。

工业界一般将维护策略分为定时维护、视情维护、基于探测的维护、故障发现、事后维护和基于设计的维护。这种分类方式不如以上的分类严谨，各维护方式之间难免有些重合领域，但是更符合实际生产活动的安排。现将各维护方式的优缺点罗列在表 1 - 1 中。

表 1 - 1　基本维护策略的优缺点

维护策略	优点	缺点
定时维护(time based maintenance，TBM)	能提前安排维护需要的材料和人员，减少了非计划维护的加班成本。减少了二次损伤，从而减少了维护成本	维护活动增多，而且有时会引起不必要的维护活动，导致成本提高。可能损坏相邻部件
视情维护(condition based maintenance，CBM)	能提前安排维护需要的材料和人员，减少了非计划维护的加班成本。最大化设备的可用性，减少停工成本。减少了二次损伤。在严重损伤发生前，停止设备工作，降低维护成本	针对监控、温度记录和油液分析等检测技术需要专门的设备和人员培训，费用高。趋势的形成需要一段时间，需要评估机器(设备)的状态

（续表）

维护策略	优点	缺点
基于探测的维护（detection based maintenance，DBM）	最大化设备的可用性。 减少二次损伤。 在严重损伤发生前，停止设备工作，减少维护成本。 发挥人的优势，能探测到种类繁多的故障状态，经济效益非常高。 能提前安排维护需要的材料和人员，减少了非计划维护的加班成本	到可以用人的感官来探测大多数故障时，故障的劣化过程已经相当长了。 操作员需要有相当的经验。 过程是主观的，很难制定精确的探测标准
故障发现（failure-finding）	防止多重故障或降低其风险。 适用包括非故障自动防护的保护装置	间隔过小，会增加成本；间隔过大，会增加发生多重故障的风险
事后维护（corrective maintenance，CM）	适合不重要，价格低廉，维护成本低或者故障率是常数的设备。 不做预防性维护，降低了维护成本	无法预测故障，由此造成的停工会引起很大损失。 如果希望设备能够继续工作，设备需要很大的冗余。 为了使设备能够尽快投入使用，需要一个大的备用维护组。 一个部件故障，可能造成其他部件的二次损伤，造成更长的修理时间
基于设计的维护（design-out mainte-nance，DOM）	对于经常重复出现的问题能完全解决。 在一些情况下，小的设计修改很有效，且费用低	更改设计费用很高，包括重新设计费用、制造部件费用，以及可能的生产停止损失费用。 改进工作可能会干扰设备其它部件必需的日常维护活动，并可能产生意外的问题。 对设备改进可能无法消除或缓解所要解决的问题

定时维护和视情维护是两种应用最广泛的维护策略，下面简述其原理。

1.2.2.1 定时维护

定期预防性维护是根据机械系统零部件的磨损规律而制订的。机械系统零部件的磨损规律如图 1-6 所示，全寿命期内可分为 3 个阶段：早期磨损期（OA 段）为机械零部件的磨合期，磨损较剧烈；

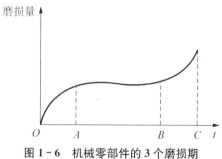

图 1-6　机械零部件的 3 个磨损期

正常磨损期（AB 段）为机械零部件的正常工作期，磨损量均匀；最后为耗损磨损期（BC 段），磨损更为剧烈，达到一定程度时系统不能正常运行。

根据这样的磨损规律，维护的最佳时机应该在图中机械零部件后两个磨损阶段的转折阶段时，即 B 点附近。这样的维护思想可以减少和避免机械系统故障发生的偶然性和意外性，减少停机损失。

1.2.2.2　视情维护

1）故障征兆的可监测性

机械系统在功能故障前都会有征兆出现，即出现一些特征信号，均能被检测出特征参量。如轴承损坏前会出现异常振动和润滑油温度升高等现象，如图 1-7 所示。这种系统从正常工作状态到发生功能故障的过程，其状态信号也是随之发展的，可以通过在线监测其特征信号，并将监测到的参量值与允许的极限值比较，出现超过极限的情况就发出报警信号提醒维护更换。

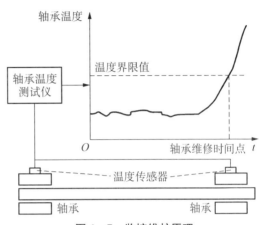

图 1-7　监控维护原理

通常情况下，监控维护方法必须满足以下条件，维护工作才会技术上可行。

（1）潜在故障的状态特征量必须能进行连续在线监测。

（2）机械系统的潜在故障发展为功能故障的状态时，状态参量有界限值。

（3）在线监测技术方法在机械系统上可以实施。

2）P-F 间隔时间

视情维护是基于机械系统故障不会瞬时发生，而是需要一段时间的发展，而且在机械系统故障发生前存在故障征兆即潜在故障的基础上的。这种潜在故障的状态可以通过检测识别，显示出系统功能故障即将或者正在发生。从潜在故障到功能故障这个过程就如图 1-8 中显示，该曲线称为 P-F 曲线。

由图中可以看出，A 为潜在故障的开始点，P 为以上所说的能检测到潜在故障的点，F 为功能故障发生点，T 为系统

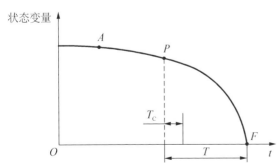

图 1-8　机械系统潜在故障发展的一般过程

从检测到潜在故障到功能故障发生的时间周期,T_C 为视情维护周期。显然 T_C 只有小于 T 才能在系统功能故障发生前检测到潜在故障,因此视情维护要求第一次检测间隔要长,达到能发现反映系统工作状态恶化的潜在故障征兆量;而重复检测周期则要求在较短时间内以保证系统功能故障前检测到潜在故障。

综上所述,视情维护的工作需要满足这样几个条件,维护工作才是可行的。

(1) P-F 曲线间隔稳定,间隔时间足够长。

(2) 企业能做到以小于 P-F 间隔的时间周期进行检测。

(3) 机械系统零部件的工作状态可以进行定量检测,并有明确的潜在故障和功能故障的检测参量与定量判据。

1.2.3 RCM 策略概述

以可靠性为中心的维护(reliability-centered maintenance,RCM)不同于通常所说的定期维护,RCM 本身不是一种维护类型,而是一种分析方法。RCM 是一种确保任何设备在现行使用环境下,都能够实现其功能状态所采用的一种管理方法。

以可靠性为中心的维护要依据设备当前的可靠性状况以及设备在系统中的作用,运用逻辑判断分析方法来确定所需要进行的维护内容、维护类型、维护周期和维护级别,以最少的代价,取得设备的最大可靠性,从而获得最大的生产收益。这种方法肯定并吸收了"被动性维护""定期维护"及"预测性维护"等维护策略各自的可取之处,是一种使用科学方法来确定最佳维护策略的方式。

要针对具体的企业或者设备制订一个合适的维护方案,必须从整体上进行考虑,包括从技术上描述每个需要维护的系统,不同系统之间的相互关系,整体的组织结构等,否则维护方案就不能发挥它的全部作用。一般来说,RCM 维护方案的制订需要 7 个基本的步骤:

(1) 确定目标和必需的资源。

(2) 确定重要维护项目。

(3) 确定部件的功能、故障模式、影响和原因。

(4) 选择维护策略。

(5) 优化维护策略参数。

(6) 应用和评估。

(7) 反馈。

现将 RCM 与常规维护方式进行比较如下:

RCM 与 CBM：CBM 就是定期对设备的状态进行监测，当设备的状态趋势恶化时，考虑对设备进行维修。由于它能够预测设备将要发生故障，因此，CBM 有时也被称为预测性维修（predictive maintenance，PdM）。CBM 是 RCM 维修类型中的一种。

RCM 与 TBM：TBM 无论设备状态好坏，只要设备运行到一定时间，就对设备进行维修，以免设备故障。它也是 RCM 维修类型中的一种，其特点是在设备故障前进行维修，以预防设备故障。

由于 CBM 和 TBM 都是主动对设备进行维修，因此有时又称为主动性维修（proactive maintenance）。

RCM 与 FMECA：FMECA 称为故障模式、影响、危害性分析，是根据故障后果的大小来对设备分级，选择维修任务的一种方法。CBM 和 TBM 主要是从故障模式的技术特点来选择维修任务，而 FMECA 是从故障模式的后果来选择维修任务。显然，FMECA 实际上是 RCM 分析中的一个环节。

RCM 与预防性维护优化、精简型 RCM：预防性维护优化、精简型 RCM 等属于简化的 RCM，是 RCM 的衍生物。传统的 RCM 分析有 7 个环节。为节省时间和减少分析成本，出现了各种各样简化的 RCM。这些简化的 RCM 不是严格按照传统的 RCM 标准来进行分析，即不是按照顺序全部回答 RCM 的 7 个问题，而是有意去掉其中的某些环节。预防性维护优化、精简型 RCM 就是其中有代表性的两种。其实 RCM 并不是一种单一的维修方式，而是结合了众多维修手段的一套维修策略管理系统。但也不是说 RCM 的维修策略就是没有疏漏的，有时也要吸收其他维修方式的长处，以实现高设备可靠性、低维修成本、低工时这个目标，采用尽可能合理有效的维修方式[5]。

1.3　燃气轮机维护现状

燃气轮机的维护，根据应用领域的不同而有所不同。近年来，燃气轮机原有的维护理论和技术有长足的发展，也出现了许多新的维护理论，以下就从燃气轮机主要的三个应用领域介绍燃气轮机维护发展的现状。

1.3.1　电站燃气轮机维护现状

现行的电站燃气轮机主要的维护手段仍然是传统的日常巡检与定期大检相结合。在定期检修方面，主要针对维护间隔期进行了很多研究。

1.3.1.1　检修周期的确定

实际机组运行的条件和检修间隔基准对应的工况条件有所差别。燃料、负载设定、水或蒸汽喷注、尖峰负载运行、机组遮断、起动方式等诸多因素都会影响燃气轮机的检修间隔期。在燃机厂家原有的推荐检修间隔期以外,还需要针对以下两种基准的修正来确定检修周期。

1) 以时间为基准的维护间隔期的确定

根据燃气轮机使用不同的燃料(天然气、清油或重油等)、不同的运行状态(尖峰工况等),确定燃气轮机的维护系数,从而根据推荐的维检修间隔期和维护系数来决定最终的维护间隔期。

$$维护间隔期(h) = 推荐的维检修间隔期(h) / 维护系数 \qquad (1-1)$$

式中,

$$维护系数 = 修正的运行时间 / 实际的运行时间 \qquad (1-2)$$

修正的运行时间由使用的燃料和燃气轮机尖峰工况运行时间来进行折合,天然气燃料为基准时间,采用轻油、重油的运行时间则进行加权处理,其权重可根据维护经验来确定。对于尖峰负荷,通常其修正的运行时间为实际运行时间的 6 倍,如果采用注水或注蒸汽措施,其维护系数也需进行相应的修正。

2) 以起动次数为基准的维护间隔期确定

起动过程对燃气轮机的维护间隔具有重要的影响,根据不同的起动要求,需要对维护间隔进行修正。

$$维护间隔期(h) = 推荐的维检修间隔期(h) / 维护系数 \qquad (1-3)$$

式中,

$$维护系数 = 修正的起动次数 / 实际起动次数 \qquad (1-4)$$

在基本负荷起动、停机循环的基础上,对尖峰负荷起动、停机循环,紧急起动,以及跳机等进行起动循环的加权,从而获取修正后的起动次数[1]。

以上两种判别方法是相互独立的,只要一项达到规定值,就需要进行相应的检查。

1.3.1.2 等效运行小时数与运行维护

维护计划制订的前提是必须充分掌握燃机的健康状况,而燃机的健康状况与其运行状况和运行条件密切相关,所以引入等效运行小时数(EOH)的概念来反映燃机的运行状况也是确定维护周期的方法之一。

等效运行小时数根据承受热应力的热通道部件不同分为两种,热通道部件则根据工作区域的温度不同而分为两类(见表 1-2)。

表 1 - 2　热通道部件的分类

分类	所含部件	等效运行小时数
第一类热通道部件	燃烧室火焰筒、过渡段、联焰管、燃料喷嘴、透平第一级动叶、透平第一级静叶、第一级隔热环	$EOH(1)$
第二类热通道部件	透平第二、三、四级静叶,透平第二、三、四级动叶,第二、三、四级隔热环	$EOH(2)$

$$EOH(1) \text{ 或 } (EOH)(2) = (AOH + A \times E) \times F \qquad (1-5)$$

式中:$EOH(1)$ 为第一类热通道部件的等效运行小时(h);$EOH(2)$ 为第二类热通道部件的等效运行小时(h);AOH 为实际运行小时(h);F 为燃料系数(气体燃料为1,液体燃料为 1.25);E 为正常停机(仅适用于第二类热通道部件)、甩负荷、跳闸和快速负荷变化的等效次数;A 为正常停机(仅适用于第二类热通道部件)、甩负荷、跳闸和快速负荷变化的校正系数。其具体过程可参见文献[1]。

经过以上的 EOH 计算,即可根据热通道部件的预期寿命,提前安排维护计划。表 1 - 3 给出了在有合格维护前提下高温部件的预期使用寿命。

表 1 - 3　热通道部件预期寿命

部件	预期使用寿命
燃烧室火焰筒、过渡段、联焰管	$24000EOH(1)$ 或 1 600 次起动,以先到期者为准
燃料喷嘴、第一级透平静叶、第一级透平动叶、第一级隔热环	$50000EOH(1)$ 或 1 800 次起动,以先到期者为准
第二级透平静叶、第二级透平动叶、第三级透平动叶、第二级隔热环	$50000EOH(2)$
第三级透平静叶、第三级隔热环	$80000EOH(2)$
第四级透平静叶、第四级透平动叶、第四级隔热环	$100000EOH(2)$

制订检查与维修计划时应根据电厂预期的作业形式再按实际运转情况做适当的调整。

1.3.2　航空燃气轮机维护现状

航空发动机作为飞机的"心脏",其重要性不言而喻,其安全性和可靠性与飞机的安全密不可分,其健康状态对保证飞机安全飞行和降低航空公司的运营成本具有重要意义。

发动机一次送修费用达数百万美元,发动机维护成本占总维护成本的30%~40%,一台备用发动机的价格需上千万美元,拥有费用和使用与保障费用都非常庞大。为了适应新一代民用航空运输系统对发动机安全性和经济性的要求,必须开展发动机的健康管理、预测维护方面的工作。航空发动机维护工作面广、工种复杂,专业性强、安全责任重大,是与现代高新技术共同进步的新型技术领域,近年来已经逐渐成为人们关注的焦点之一。发动机的空中停车对民航安全威胁极大,造成发动机空中停车的原因很多,其中,机械故障是系统失效的重要原因。因此,需要适时地对航空发动机进行相应的预测维护,最大限度地降低发生空中停车的概率,确保飞行安全,在降低成本的情况下实现航空发动机的持续健康管理。

航空发动机是为飞机提供动力所需的重要系统,须具有高温、高转速、高可靠性的特点,而且必须满足低污染、低噪声、低油耗、低成本和长寿命的要求。国外一些先进的理论与技术,如预测与健康管理(PHM)、视情维护(CBM),自主保障(AL)等,正被联合攻击机的F135/F136等新型发动机采用。我国大型客机项目的启动,也促使PHM,AL等新理论与技术引入并借鉴到发动机的设计、制造、维护和保障等环节中,以满足高安全性和低全寿命周期运营成本等要求。

1) 预测维护

预测维护是预测与健康管理PHM技术中的核心理念,是根据系统设备的日常点检记录信息、状态监测和诊断信息,运用数据处理和分析方法,综合专家知识,分析系统设备的退化过程、劣化程度和故障隐患的发展趋向,确定维护方式、部位及时间,在功能故障发生之前有计划地进行适当的维护。

维护是保持产品固有可靠性的重要手段,基于状态的预测维护已经逐渐取代事后维护成为当前复杂系统的主要维护方式。可靠性评估与预测技术是预测维护中的关键环节,直接关系到预测维护的效果和效率;其作用体现为两方面:一是架设了信息与决策的桥梁,即将采集到的状态监测信息、事件信息、维护信息等转化为复杂系统可靠性水平的评估与预测,为预测维护决策提供支持;二是连接设计与应用的纽带,通过对复杂系统的可靠性评估与预测,相关结果可以反馈信息需求等设计问题,为监测系统的设计与改进提供方向。预测维护作为基于状态的维护方式,针对航空发动机而言,可以通过采集状态数据,包括事件数据和状态监测数据,评估航空发动机的运行状态,判断发动机故障的发生以及发展的趋势,决定采取何种维护行为,并安排发动机下发和机队调度,最终以合理的维护决策控制发动机的送修成本。这种维护方式能够避免不必要的拆换发动机或单元体,从而能大大提高发动机的利用率,减少总的维护费用,降低不必要的浪费。而且因故障和故障部位能够及时地排除,大大提高了发动机的可靠性,保证了航空运营的安全进行。

针对航空发动机的预测维护而言,准确地评估和预测航空发动机的可靠性,是预测维护中的关键环节,直接关系到航空发动机维护计划的制定和执行。基于状态数据进行可靠性预测与评估的方法主要有两种类型:基于直接状态监测数据的可靠性评估与预测方法和基于间接状态监测数据的可靠性评估与预测方法。基于这两种数据的可靠性评估与预测方法如图 1-9 所示[6]。

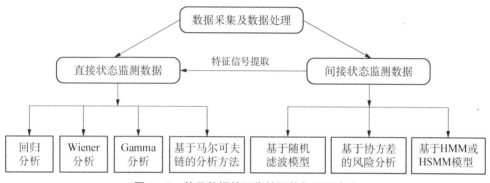

图 1-9 基于数据的可靠性评估与预测方法

2) 视情维护

视情维护,又称基于状态的维护(CBM),属于预防性维护。CBM 的假设条件是:失效不是突然发生的,而是经过一段时间渐变形成的($P-F$ 曲线)。当设定的系统参数值(接近)超过了预定值(如振动增加,温度升高)时,就进行 CBM。CBM 以系统的个体实际技术状态为基础,理论上可以避免"过修"和"失修"问题,可以更准确地权衡安全和经济的矛盾,最大限度地降低维护风险,优化维护成本,提高设备的可用度。因此,国际上军用、民用发动机都逐渐采用以视情为主的维护策略。

CBM 自 19 世纪 40 年代后期发展到现在,主要在以下三个方面获得了成果和应用。

(1) 状态监控与故障诊断技术层面。研究人员获取数据、处理信号,建立对象的状态模型,提取状态特征,根据状态的变化来判断是否需要维护,具有了一定的维护决策能力

(2) CBM 优化决策层面。研究人员一般先假设状态模型已经建立,从概率论、随机过程、运筹学等理论基础上对所研究系统的费用、可用度等目标函数进行优化,典型的 CBM 优化模型有状态空间模型,延迟时间模型,比例危险模型,马尔可夫模型等。

(3) CBM 系统技术层面。有一些组织对 CBM 的技术框架进行研究,机械信息管理开放系统联盟(machinery information management open system alliance,

MIMOSA)制定了 CBM 系统架构 OSA - CBM。

航空发动机的状态管理核心是发动机的状态监控,而航空发动机的状态监控又常常与故障诊断结合起来,可以及时发现故障与故障征候,以便及时采取相应的维护行为。现代航空发动机的结构复杂,且在高温、高压、大应力等苛刻条件下工作。目前不论发动机的设计、材料和工艺水平,还是使用、维护管理水平多高,都不能保障发动机在使用中不出故障,所以现代的军机、民用飞机和直升机都装备了发动机状态监控系统(engine monitoring system,EMS),该系统可以包括或不包括故障诊断系统。这些机载系统、地面系统结合数据处理和分析软件,构成了航空发动机的状态管理体系。

发动机 CBM 就是根据以上获得的发动机的状态监控信息,决定采用何种维护行为的策略。它能减少不必要的拆换发动机或单元体,从而能大大提高发动机的利用率,减少总的维护费用;而且因故障和故障部位能及时查出,大大提高了发动机可靠性。所以对于航空发动机这类昂贵和复杂的设备的状态和寿命管理,CBM是最经济、最有效的方法,实际中,航空发动机的 CBM 策略必须为发动机的寿命与其他特性(如可靠性、维护成本、发动机价格等)之间提供安全和最优的平衡。其中,决策变量包括维护间隔、状态阈值、维护工作类型等;目标函数包括成本、可用度等,如单位周期内,单位时间平均费用最小或可用度最大等。这方面的研究,主要来自于传统的维护优化模型理论,涉及概率论、随机过程、运筹学等知识[7]。

1.3.3 舰用燃气轮机维护现状

燃气轮机功率密度高、机动性能好、低频噪声小,非常适合舰艇分舱小、作战反应快、隐身要求高的特点,我国从 20 世纪 70 年代开始在水面舰艇上应用燃气轮机,大大提高了舰艇的快速作战反应能力。但是,作为一个系统,燃气轮机的维修保障难度大,为了适应新的保障要求,以状态监测和故障诊断为基础的视情维修模式正在逐步得到应用和推广,视情维修的优势是维修规模小、效率高、经济性好。因此,除了日常维护保养之外,采用现代科技手段对舰用燃气轮机进行状态监测和故障诊断是十分必要的。

为保证燃气轮机工作可靠性,除了用自带仪表来观察燃气轮机工作状况外,人们采用多种状态监测和故障诊断方法来对燃气轮机的健康状态进行管理,如应用油液分析方法对燃气轮机润滑油进行检测,可以发现摩擦、腐蚀、疲劳类故障;应用红外温度监测方法可以及时发现燃气轮机具体部位的温度异常变化情况;应用无损探伤及内窥镜检查可以用于检测出肉眼无法看见的裂纹、拉伤类故障;对于在线监测而言,振动监测一直是动力机械应用有效的方法,它是将安装在机体上的振动传感器接收的信号通过有线或者无线的方式传输到控制室内的振动测试仪上,以数值显示反映出来,通过设置振动的限值,以声光报警的方式提示管理人员[8]。

健康管理(health management,HM)技术是随着 CBM 技术的不断发展而提出的设备监控与管理技术。"健康"是指管理对象完成其功能的程度,即性能状态。

健康管理的重点是利用先进传感器的集成,借助各种知识、算法和智能模型来评估、预测、监控和管理设备的运行状态[7]。它代表了一种方法的转变,即从传统的基于传感器的诊断转向基于智能系统的预测,从反应性的维护转向主动性的3Rs(即在准确时间对准确的部位采取正确的维护活动)。

近年来欧美各国都广泛应用了健康管理技术,比较有代表性和指导意义的是2001 年由美国海军资助下,波音、卡特彼勒、罗克韦尔等公司联合组建的工业小组,制订了 CBM 开放式系统架构 OSA – CBM(Open System Architecture for CBM)。该结构从技术上解答了如何构建一个 CBM 系统,同时也是健康管理系统的基础架构。它基于分布式网络结构,定义了标准的功能模块和接口,有助于健康管理系统的标准化和产业化。其组成结构及各模块的功能介绍如图 1 – 10 所示。

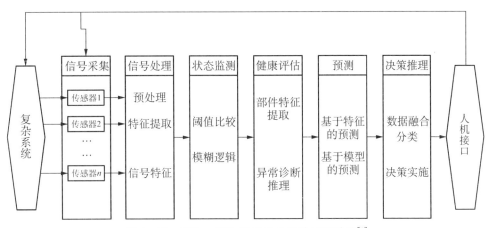

图 1 - 10　OSA – CBM 典型组成模块及其功能[9]

针对目前国内的舰用燃气轮机技术现状,若要开发健康管理系统存在以下发展需求[9]:

(1) 研发体系建设需求。我国舰用发动机至今仍未形成比较完整的设计研发体系,研究设计、试验验证、应用评估这 3 个主体平台尚未建立。健康管理系统是应用评估平台的重要组成部分,首先开展舰用发动机健康管理系统架构研究,进而全面开展关键技术的研究,将为应用评估平台的建立和完善,并为整个舰用发动机研发体系的建立健全提供支撑。

(2) 技术发展需求。随着新型舰船发动机高功率密度、高热负荷、高机械负荷的特征和系统组成复杂程度的日益提高,舰用发动机监控和管理技术的发展将以系统综合健康管理为主要特征。引入先进的舰用发动机健康管理技术,将有利于提高国内舰用发动机监控系统的智能化水平,有助于实现海军装备的自动化、信息化和现代化。

(3) 可靠性和安全性需求。目前,我国舰用发动机存在技术水平较低、关键技术掌握不足等问题,在研制、试验及应用等各个环节中的可靠性和安全性得不到充分的保障。开展健康管理技术研究,首先将从设计环节严格控制发动机产品的可靠性,同时还在试验及应用环节有效预测运行风险,为避免各种灾难性事故,延长舰船发动机使用寿命,降低寿命期维修费用等提供重要保障。

(4) 维修性和保障性需求。目前,国内舰用发动机出现健康问题后存在失效原因不清晰,维修方法不明确,决策措施不合理,保障条件不到位的情况。引入健康管理系统并开展决策支持技术的研究,将通过对发动机性能衰退机理的全面分析,提出与不同健康问题相对应的维护维修计划,提出合理的系统重构运行策略,并结合可用资源和使用需求提出相应的保障方案,全面提高舰用发动机的维修性和保障性。

1.4　可靠性评估及意义

设备可靠性是指在规定的时间和给定的条件下,设备无故障完成规定功能的能力。设备的可靠性是贯穿于整个寿命周期全过程的一个时间性度量指标,从设计规划、制造安装、使用维护到修理、报废为止,可靠性始终是设备的灵魂。以可靠性为中心的维护理论认为,一切维护活动,归根到底是为了保持和恢复装备的固有可靠性。

在第二次世界大战中,德国人在改进他们的 V-Ⅰ 和 V-Ⅱ 型火箭时,第一次引入了可靠性的概念。从此,鉴于其重要性,关于可靠性的研究工作得到了长足的发展。特别是军用科技发展中的重大教训促使人们日益重视产品的可靠性,并在"实践—认识—再实践—再认识"的过程中逐步深化和提高对可靠性的理解,进而由概念上升为理论,逐步形成了"可靠性工程"这门新兴学科。可靠性已经成为产品的基本质量目标之一,是一项重要的质量标志,也是影响产品质量的最活跃的因素,已经成为工业企业和国防部门经济、军事效益的基础和竞争焦点。与国际标准相一致,我国国军标 GJB45190 把可靠性定义为"产品在规定的时间内,无故障完成规定功能的概率"[10]。

可靠性评估就是依据产品的可靠性结构(即系统和单元之间的可靠性关系)、产品的寿命分布类型以及现有的与产品可靠性有关的所有信息(包括试验数据和验前信息),利用概率统计方法对产品可靠性的特征量进行统计推断和决策。它可以在产品研制的任一阶段进行,既可以是设计阶段的可靠性预计,也可以是定型阶段的可靠性评估。可靠性评估有着如下重要意义[11]:

(1)科学而先进的可靠性评估方法,为充分利用各种试验信息奠定了理论基础。这对减少试验经费,缩短研制周期,合理安排试验项目,协调系统中各单元的试验量等有重要的作用。

(2)为系统的运筹使用提供条件。例如卫星发射机冗余数量的确定,需要给出单台发射机的可靠性、重量、经费等。

(3)通过评估,检验产品是否达到了可靠性要求,并验证可靠性设计的合理性。如可靠性分配的合理性,冗余设计的合理性,选用元器件、原材料及加工工艺的合理性等。

(4)评估工作会促进可靠性与环境工作的结合。在可靠性评估中要定量地计算不同环境对可靠性的影响,要验证产品的抗环境设计的合理性,验证改善产品微环境的效果。

(5)通过评估,可以指出产品的薄弱环节,为改进设计和制造工艺指明方向,从而加速产品研制的可靠性增长过程。

(6)通过评估,了解设备的可靠性水平,为制订新产品的可靠性计划提供依据。

(7)可靠性评估工作需要进行数据记录、分析及反馈,从而加强了数据网的建设。

由此可见,对燃气轮机的维护进行优化升级,开展 RCM,了解设备可靠性,开展可靠性分析是其中的重要部分。

参 考 文 献

[1] 付忠广,张辉.电厂燃气轮机概论[M].北京:机械工业出版社,2013.

[2] 翁史烈.燃气轮机与蒸汽轮机[M].上海:上海交通大学出版社,1996.

[3] 沈维道,童钧耕.工程热力学[M].北京:高等教育出版社,2007.

[4] 黄雅罗,黄树红.发电设备状态检修[M].北京:中国电力出版社,2000.

[5] 李晓明.基于 RCM 的核电站维修优化研究与应用[D].武汉:华中科技大学,2005.

[6] 孙绍辉.面向预知维修的航空发动机可靠性评估与预测研究[D].南京:南京航空航天大学,2013.

[7] Roemer M J, Byington C S, Kacprzynski G J, et al. An overview of selected prognostic technologies with reference to an integrated PHM architecture [C]//In Proceedings of the First International Forum on Integrated System Health Engineering

and Management in Aerospace，Big Sky，2005:1-15.

［8］郑远春,朱炳文,王小彦.监测诊断技术在某型舰用燃气轮机维修管理中的应用[J].中国修船,2014,27(5):51-52.

［9］唐磊,周斌,李南.舰用发动机健康管理开放式系统架构[J].舰船科学技术,2011,33(6):76-80.

［10］方亚.机械产品可靠性评估方法研究[D].西安:西北工业大学,2007.

［11］周源泉,翁朝曦.可靠性评定[M].北京:科学出版社,1991.

第 2 章　可靠性理论基础

可靠性是设备重要的质量指标,除有其定性要求外.还有其定量要求。衡量可靠性高低的指标,有时用完成功能的概率来表示,有时用使用到丧失其功能的时间(寿命)表示。而设备的可靠性是非确定性的、随机的,因此必须以概率论和统计学来分析系统的可靠性[1]。

2.1　可靠性指标

2.1.1　可靠度

可靠度(reliability)可定义为:产品在规定的条件下和规定的时间内,完成规定功能的概率,通常以 R 表示。可靠度是时间的函数,也可表示为 $R = R(t)$,称为可靠度函数。规定的时间越短,产品完成规定功能的可能性越大;规定的时间越长,产品完成规定功能的可能性越小。就概率分布而言,它又叫做可靠度分布函数,且是累积分布函数,表示在规定的使用条件下和规定的时间内,无故障地完成规定功能的工作产品占全部工作产品(累积起来)的百分率。

可靠度可以分为条件可靠度和非条件可靠度。可靠度通常是指非条件可靠度,它规定的时间 t 从投入使用时开始计算。若产品在规定的条件下和规定的时间内完成规定功能的这一事件 E 的概率以 $P(E)$ 表示,则可靠度作为描述产品正常工作时间(寿命)T 这一随机变量的概率分布可写为

$$R(t) = P(E) = P(T \geqslant t), \quad 0 \leqslant t \leqslant \infty \tag{2-1}$$

条件 $T \geqslant t$ 就是产品的寿命超过规定时间 t,即在时间 t 之内产品能完成规定功能。

由可靠度定义可知,$R(t)$描述了产品在$(0, t)$时间段内完好的概率,且

$$0 \leqslant R(t) \leqslant 1, \quad R(0) = 1, \quad R(+\infty) = 0 \tag{2-2}$$

上述公式表示,开始使用时,所有产品都是良好的,只要时间充分长,全部的产品都会失效。

如前所述,这个概率是真值,实际上是未知的,在工程上常用它的估计值。为区别于可靠度,可靠度估计值用 $\hat{R}(t)$ 来表示。

可靠度估计值的定义如下:

(1) 对于不可修复产品,是指到规定的时间区间终了为止,能完成规定功能的产品与该时间区间开始时可投入工作的产品总数之比。

(2) 对于可修复产品,是指一个或多个产品的故障间隔工作时间达到或超过规定时间的次数与观察时间内无故障(正常)工作的总次数之比。

对于不可修复系统,假如在 $t=0$ 时有 N 件产品开始工作,而到 t 时刻有 $n(t)$ 个产品失效,仍有 $N-n(t)$ 个产品继续工作,则

$$\hat{R}(t) = \frac{\text{到时刻 } t \text{ 仍在正常工作的产品数}}{\text{试验的产品总数}} = \frac{N-n(t)}{N} \qquad (2-3)$$

2.1.2 失效概率

不可靠度是与可靠度相对应的概念,不可靠度表示产品在规定的条件下和规定的时间内不能完成规定功能的概率,因此又称为失效概率,记为 F。失效概率 F 也是时间 t 的函数,故又称为失效概率函数或不可靠度函数,并记为 $F(t)$。它也是累积分布函数,故又称为累积失效概率。显然,它与可靠度呈互补关系,即

$$R(t) + F(t) = 1 \qquad (2-4)$$
$$F(t) = 1 - R(t) = P(T \leqslant t) \qquad (2-5)$$

因此, $F(0) = 0$, $F(+\infty) = 1$。

与可靠度一样,不可靠度也有估计值,也称累积失效概率估计值,记为

$$\hat{F}(t) = 1 - \hat{R}(t) = n(t)/N \qquad (2-6)$$

通常不可靠度有两种表述方式:第一种为失效率;第二种则为失效概率函数或者为失效分布函数。两者的差别在于 t 时刻所选取的样本不同。

1) 失效率

失效率(failure rate)又称为故障率,其定义为:工作到某时刻 t 时尚未失效(故障)的产品,在该时刻 t 以后的下一个单位时间内发生失效(故障)的概率,也称为失效率函数,记为 $\lambda(t)$。失效率的估计值即为:在某时刻 t 以后的下一个单位时间内失效的产品数与工作到该时刻前尚未失效的产品数之比,记为 $\hat{\lambda}(t)$。

设有 N 个产品,从 $t=0$ 开始工作,到时刻 t 时产品的失效数为 $n(t)$,而到时刻 $(t+\Delta t)$ 时产品的失效数为 $n(t+\Delta t)$,即在 $[t, t+\Delta t]$ 时间区间内有 $\Delta n(t) = n(t+\Delta t) - n(t)$ 个产品失效,则定义该产品在时间区间 $[t, t+\Delta t]$ 内的平均失效

率为

$$\lambda(t) = \frac{n(t+\Delta t) - n(t)}{[N - n(t)]\Delta t} = \frac{\Delta n(t)}{[N - n(t)]\Delta t} \tag{2-7}$$

因为失效率 $\lambda(t)$ 是时间 t 的函数,故又称 $\lambda(t)$ 为失效率函数,也称为风险函数。

失效率的估计值:

$$\hat{\lambda}(t) = \frac{\text{在时间}[t, t+\Delta t]\text{内单位时间失效的产品数}}{\text{在时刻}t\text{仍正常工作的产品数}} = \frac{\Delta n(t)}{[N - n(t)]\Delta t} \tag{2-8}$$

2) 失效概率函数与失效分布函数

在处理统计数据时,一般概率可以用频率来解释,将观察数据按取值的顺序间隔分组,做出对应每一个间隔的取值的频率数,画出直方图,观察随机变量取值的规律性,当分组间隔越来越密时,直方图将稳定趋近于某条曲线 $f(t)$,即概率密度函数。

失效概率密度函数反映出产品在单位时间间隔内发生失效或故障的比例或频率:

$$f(t) = \frac{\Delta n(t)/N}{\Delta t} = \frac{\Delta n(t)}{N\Delta t} \tag{2-9}$$

累积失效概率分布函数是指产品在某个时间之前发生失效或故障的比例或频率。图 2-1(a)为某产品的累积失效台数直方图,失效概率分布函数指产品寿命小于等于某一规定数值 t 的函数。

在规定条件下,产品的寿命(或无故障工作时间)不超过 t 的概率,也就是产品在 t 时刻之前发生故障或失效的概率,为 $F(t)$,即不可靠度。它相当于累积失效台数直方图间隔变细后的渐近线(见图 2-1)。

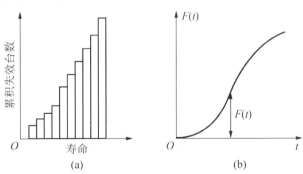

(a) (b)

图 2-1　失效概率分布函数图线

(a) 累积失效台数的直方图;(b) 失效概率分布函数

$$F(t) = \int_0^t f(t)\,\mathrm{d}t \qquad (2-10)$$

2.1.3 寿命指标

在产品的寿命指标中,最常用的是平均寿命。平均寿命(mean life)是产品寿命的平均值,用 θ 表示,而产品的寿命则是它的无故障工作时间,用 T 表示。

产品寿命(或无故障工作时间) T 的故障概率密度函数为 $f(t)$,则平均寿命为

$$\theta = E(T) = \int_0^\infty t f(t)\,\mathrm{d}t \qquad (2-11)$$

对于可修复的产品(发生故障后经修理或更换零件即恢复功能)和不可修复的产品(失效后无法修复或不修复,仅进行更换),平均寿命的概念稍有不同。对于不可修复的产品,平均寿命是指它失效前的工作时间,所以,平均寿命是指该产品从开始使用到失效前的工作时间(或工作次数)的平均值,或称为失效前平均时间(mean time to failures,MTTF)[2]。

$$MTTF = \frac{1}{N}\sum_{i=1}^{N} t_i \qquad (2-12)$$

式中,N 为测试产品的总数;t_i 为第 i 个产品失效前的工作时间(h)。

对于可修复的产品,其寿命是指相邻两次故障间的工作时间。因此,它的平均寿命即为平均无故障工作时间或称为平均故障间隔(mean time between failures,MTBF)。

$$MTBF = \frac{1}{\sum_{i=1}^{N} n_i}\sum_{i=1}^{N}\sum_{j=1}^{n_i} t_{ij} \qquad (2-13)$$

式中,N 为测试产品的总数;n_i 为第 i 个测试产品的故障数;t_{ij} 为第 i 个产品从第 $j-1$ 次故障到第 j 次故障的工作时间(h)。

平均修复时间(mean time to repair,MTTR),指可修复产品的平均修复时间,就是从出现故障到修复完成的这段时间。因此,对于一个简单的可维护的元件,平均修复时间为

$$MTBF = MTTF + MTTR \qquad (2-14)$$

因为 $MTTR$ 通常远小于 $MTTF$,所以 $MTBF$ 近似等于 $MTTF$,通常由 $MTTF$ 替代。$MTBF$ 用于可维护性和不可维护的系统。

如果产品的可靠度服从指数分布,即故障率为常数,则平均寿命 $MTTF$ 与

$MTBF$ 的计算可以利用以下公式:

$$\theta = \int_0^\infty R(t)\mathrm{d}t = \int_0^\infty \mathrm{e}^{-\lambda t}\mathrm{d}t = \frac{1}{\lambda}\int_0^\infty \mathrm{e}^{-\lambda t}\mathrm{d}(-\lambda t) = \frac{1}{\lambda}(\mathrm{e}^{-\infty} - \mathrm{e}^0) = \frac{1}{\lambda}$$

$$(2-15)$$

即当可靠度函数 $R(t)$ 为指数分布时,平均寿命 θ 等于失效率 λ 的倒数。

需要说明的是,指数分布的平均寿命并不意味是半数产品达到该寿命时间,当一批产品工作到平均寿命时,即 $t = 1/\lambda(MTTF$ 或 $MTBF)$ 时,有

$$R(t) = \mathrm{e}^{-\lambda t} = \mathrm{e}^{-\lambda\frac{1}{\lambda}} = \mathrm{e}^{-1} = 0.368 \qquad (2-16)$$

即能工作到平均寿命的产品仅有 36.8%,约有 63.2% 的产品将在达到平均寿命前发生故障,这就是它的特征寿命。

2.2　常见可靠性分布函数

我们通常使用"寿命分布函数"这个术语来描述在可靠性工程和寿命数据分析中广泛使用的统计学中的可能性分布。统计分布可以用概率密度函数(probability density function,用符号 pdf 表示)来描述,在 2.1 节中,我们使用 pdf 的概念来展示了怎么通过 pdf 来推导其他广泛应用在可靠性工程和寿命数据分析中的函数,例如,可靠性函数、故障率函数、平均故障时间函数和平均寿命函数等。所有这些函数都可以直接通过 pdf 函数或者 $f(t)$ 来确定,不同的分布有不同的形式,如正态分布、指数分布等,每一个都可以预定义为 $f(t)$。这些分布定义可以从很多文献中获得。实际上很多参考书专门用来定义这些不同类型的统计分布函数。这些分布大多由统计学家、数学家和工程人员制订以满足特定的数学模型或者反映特定的行为状态。比如 Weibull 分布是被 Waloddi Weibull 制订的,所以用作者的名字来命名这个函数。有些分布趋向于更好地反映寿命数据,因此统称为寿命分布。其中一个最简单和最常被使用的分布是指数分布。指数分布的 pdf 可用下面的数学表达式表示:

$$f(t) = \lambda\mathrm{e}^{-\lambda t} \qquad (2-17)$$

在上式的定义中,注意到 t 是随机变量,代表了时间;希腊字母 λ 一般是表示分布特性的参数,根据 λ 的不同,$f(t)$ 将在范围上有很大的不同。对于大部分分布,分布的参数通过实际数据获得。比如著名的正态(高斯)分布,如

$$f(t) = \frac{1}{\sigma\sqrt{2\pi}}\mathrm{e}^{-\frac{1}{2}\left(\frac{t-\mu}{\sigma}\right)^2} \qquad (2-18)$$

式中,μ 为均值;σ 为标准差,它们是该分布的特征参数,所有这些参数都通过实际数据确定(比如数据的均值和标准差)。一旦这些参数确定了,函数 $f(t)$ 也就确定了,给定任意的 t,就可以获得 $f(t)$ 的值。

给定了一个分布的数学表达式,还可以推导出其他需要的寿命数据分析函数,这些函数一旦特征参数通过实际数据确定下来,那么给定任意的 t 也就可以获得这些函数的值了。比如我们所熟知的指数分布的 pdf 如式(2-17)所示。

因此指数分布的可靠性函数可通过下面的推导获得:

$$R(t) = 1 - \int_0^t \lambda e^{-\lambda t} = 1 - \left[1 - e^{-\lambda t}\right] = e^{-\lambda t} \tag{2-19}$$

指数分布的故障率函数为

$$\lambda(t) = \frac{f(t)}{R(t)} = \frac{\lambda e^{-\lambda t}}{e^{-\lambda t}} = \lambda \tag{2-20}$$

指数分布的故障平均时间函数(MTTF)为

$$\mu = \int_0^\infty t \cdot f(t) \mathrm{d}t = \int_0^\infty t \cdot \lambda \cdot e^{-\lambda t} \mathrm{d}t = \frac{1}{\lambda} \tag{2-21}$$

同样的方法可以应用在任何的给定 pdf 的分布中,$f(t)$ 的复杂度决定了上述变换的困难程度。

2.2.1　参数类型

不同的分布可能包含有任意数量的参数。值得注意的是,随着描述模型参数数量的增加,为了使得该分布函数足够精确,所需要的实际数据也将增加。通常情况下,用来进行可靠性和寿命数据分析的可靠度(寿命)分布,其参数个数限制为最多 3 个。这三个参数一般为:尺度参数、形状参数和位置参数。

尺度参数(scale parameter):尺度参数是最常见的参数类型,所有涉及的分布都有一个尺度参数。在一维分布中,唯一的参数就是尺度参数。尺度参数定义为分布所在的范围,或者说分布的延伸区域。在正态分布中,尺度参数是标准差。

形状参数(shape parameter):形状参数,就像名称所说的,帮助定义分布的形状。一些分布,如指数分布或正态分布,不具有形状参数,这是因为它们具有一个预先定义好的形状。在正态分布中,其形状永远是类似于钟的形状。形状参数对分布的影响反映在其 pdf、可靠性函数和故障率函数的形状上。

位置参数(location parameter):位置参数用来使分布在一个方向或者多个方向上平移。位置参数一般用 γ 来表示,规定了分布原点的位置,可以是正的也可以是负的。在可靠度(寿命)分布中,位置参数代表了时间的平移量。

位置参数对分布函数的影响关系如图 2-2 所示。

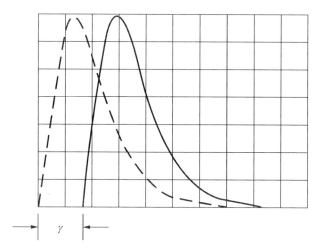

图 2-2　位置参数对分布函数的影响关系

图 2-2 意味着对于一个包含有位置参数并且区域为[0，∞]的分布，其范围变成了[γ，∞]，其中 γ 可正可负。这将对可靠性分析有很大的影响，如果位置参数为正值，那么这将表示特定分布的可靠性将 100% 大于这个点。也就是说，故障将不会在时间 γ 前发生。一些工程人员不太认同这种故障绝对不会发生在给定时间之前的说法。然而，有争论的是大部分的寿命分布都有位置参数，虽然其中很多都被设置得非常小。类似的，很多人对负的位置参数感觉不舒服，因为这将会出现在 0 时间前故障已经发生了。实际上，位置参数为负可以用来表示静故障（故障发生在产品第一次使用之前）或者故障发生在生产、打包或者运输过程中。在后续指数分布和 Weibull 分布的讨论中将更多地关注位置参数的概念，因为寿命分布最常使用的是位置参数。

2.2.2　常用的可靠度分布模型

常用的寿命分布类型主要有对数正态分布、Weibull 分布、正态分布、指数分布，而机械产品的疲劳寿命通常服从于对数正态分布或 Weibull 分布。

可用来模拟可靠性数据的分布函数有很多，Leemis 对这些分布做了很好的综述[3]，这里我们将着重介绍几种在可靠性（寿命）数据分析中最常采用和最实用的分布。

1）指数分布

指数分布广泛应用于部件和系统，表现出一个固定的故障率，因为简单，因此其应用已经非常广泛。最常见的两参数指数分布可以用下式定义：

$$f(t) = \lambda e^{-\lambda(t-\gamma)} \qquad (2-22)$$

式中：λ 为故障率常数，即在每一个测量区间内的故障次数（每小时故障率或者循环等）；γ 是位置参数。另外，$\lambda = \dfrac{1}{m}$，其中 m 是故障的平均间隔时间，如果位置参数 γ 假定为 0，那么指数分布就变成了一维指数分布，即

$$f(t) = \lambda e^{-\lambda t} \qquad (2-23)$$

要获得此分布的细节讨论，可参见文献[4]。

2）Weibull 分布

Weibull 分布在产品寿命的可靠性分析中使用最为广泛，在涉及寿命问题的许多类型的产品中都广泛提倡使用 Weibull 分布。Kececioglu 给出了该模型的一系列实际应用，如继电器、电容器、电子管等的失效时间，受疲劳应力的固体失效，汽车前悬横梁失效等的寿命分布问题[5]。

Weibull 分布是一个通用的可靠性分布函数，可用来模拟材料强度、电子、机械部件设备或系统的故障时间。在大部分应用场合下，三维的 Weibull 分布可表示为

$$f(t) = \frac{\beta}{\eta} \left(\frac{t-\gamma}{\eta} \right)^{\beta-1} e^{-\left(\frac{t-\gamma}{\eta} \right)^{\beta}} \qquad (2-24)$$

式中，β 为形状参数；η 为尺度参数；γ 为位置参数。

如果位置参数 γ 设定为 0，那么该分布退化为二维 Weibull 分布，即

$$f(t) = \frac{\beta}{\eta} \left(\frac{t}{\eta} \right)^{\beta-1} e^{-\left(\frac{t}{\eta} \right)^{\beta}} \qquad (2-25)$$

其另外一个形式即一维 Weibull 分布，假定位置参数 γ 为 0，形状参数 β 作为常量，即 $\beta = C$ 常量，所以为

$$f(t) = \frac{C}{\eta} \left(\frac{t}{\eta} \right)^{C-1} e^{-\left(\frac{t}{\eta} \right)^{C}} \qquad (2-26)$$

3）Weibull-Bayes 分析

寿命分析的另一种途径是 Weibull-Bayes 分析方法，该方法假定在分析前有一些关于该 Weibull 分布形状参数的先验知识，这种模型有很多的实际应用，特别是应对那些小样本或者对形状参数有一些先验信息的情况下，如在进行一个测试时，我们通过调查、历史数据分析或者可靠性物理分析，一般对失效模式的表现已经有了一个很好的认识[6]。

特别注意的是这和所谓的"WeiBayes 模型"不是完全一样，WeiBayes 模型是

真正的一维 Weibull 分布,其假定了一个固定的形状参数,然后获得尺度参数。Weibull-Bayesian 分析以 Weibull++为特征,它实际上是一个贝叶斯模型并且通过整合前面关于形状参数的先验信息给出了变量的确定性以及不确定性分布,以此来代替了一维 Weibull 分布。

4）正态分布

正态分布广泛应用于可靠性分析,电子、机械部件设备或系统的故障时间分析等。正态分布的 pdf 为

$$f(t) = \frac{1}{\sigma \sqrt{2\pi}} e^{-\frac{1}{2}(\frac{t-\mu}{\sigma})^2} \tag{2-27}$$

式中,μ 为故障发生的平均时间;σ 是故障发生时间的标准差。

5）对数正态分布

近年来对数正态分布在机械可靠性领域中受到了越来越多的重视。某些机械零件的疲劳寿命可用对数正态分布来分析,尤其对于维修时间的分布,一般都选用对数正态分布,且它的可接受性可从由它所发展起来的寿命试验抽样方案中看出[7]。对数正态分布能够通过简单的对数变换转变为正态分布。对数正态分布的失效率作为时间的函数是一个先递增后递减的函数,并且能够证明对应于长寿命或初始时刻的失效率趋于 0[8]。英国军用标准 00 - 971[9] 就是基于强度和寿命服从对数正态分布。

对数正态分布广泛应用于基本的可靠性分析、疲劳性周期故障、材料强度和概率设计中的负载变量分析。当故障周期的自然对数是正态分布时,我们称该数据符合对数正态分布。

对数正态分布的 pdf 为

$$f(t) = \frac{1}{t\sigma' \sqrt{2\pi}} e^{-\frac{1}{2}(\frac{t'-\mu'}{\sigma'})^2}$$
$$f(t) \geqslant 0, \quad t > 0, \quad \sigma' > 0$$
$$t' = \ln(t) \tag{2-28}$$

式中:μ 为故障周期自然对数的平均值;σ 为故障周期自然对数的标准差。

6）广义伽马分布

相较于上面讨论的其他分布,广义伽马分布没有很频繁地应用在寿命数据分析中,但其却具有通过调整分布参数模仿其他分布的属性,比如 Weibull 分布或者对数分布。这就可以提供这两种分布的一种折中方案。广义伽马分布有三个部件参数 μ,σ 和 λ。其 pdf 为

$$f(t) = \begin{cases} \dfrac{|\lambda|}{\sigma \cdot t} \cdot \dfrac{1}{\Gamma\left(\dfrac{1}{\lambda}\right)^2} \cdot e^{\frac{\lambda \cdot \frac{\ln(t)-\mu}{\sigma}+\ln\left(\frac{1}{\lambda^2}\right)-e^{\lambda \cdot \frac{\ln(t)-\mu}{\sigma}}}{\lambda^2}}, & \lambda \neq 0 \\[4mm] \dfrac{1}{\sigma \cdot t \sqrt{2\pi}} e^{-\frac{1}{2}\left(\frac{\ln(t)-\mu}{\sigma}\right)^2}, & \lambda = 0 \end{cases} \tag{2-29}$$

式中,$\Gamma(x)$ 为伽马函数,定义为

$$\Gamma(x) = \int_0^\infty s^{x-1} e^{-s} ds \tag{2-30}$$

广义伽马分布根据参数数值的变化可以表现为其他不同的分布。例如,如果 $\lambda = 1$,那么该分布就变成了 Weibull 分布;如果 $\lambda = 1$ 并且 $\sigma = 1$,那么该分布就同指数分布相同;如果 $\lambda = 0$,那么就变成了对数分布。然而广义伽马分布本身并不经常用来分析寿命数据,人们常常利用其可以表现为其他常用寿命分布的特性来测试哪些分布更适用于进行该寿命数据的分析。

7) 伽马分布

伽马分布是一个很灵活的分布,并且可能对某些寿命数据有非常好的符合效果,有时也被称为 Erlang 分布,在前面的贝叶斯分析中伽马分布已经作为一种先验分布来使用,同时它也常应用在排队理论中。

伽马分布的 pdf 为

$$f(t) = \frac{e^{kz - e^z}}{t\,\Gamma(k)}$$
$$z = \ln t - \mu \tag{2-31}$$

式中,μ 为尺度参数;k 为形状参数;$0 < t < \infty$,$-\infty < \mu < \infty$,$k > 0$。

8) Logistic 分布

Logistic 分布与正态分布的形状很相似(钟形),但具有更重的尾巴。由于 Logistic 分布可以获得可靠性、累积分布函数和故障函数的封闭解,所以在有些情况下,相较于正态分布可能更倾向于使用 Logistic 分布。

Logistic 分布的 pdf 为

$$f(t) = \frac{e^z}{\sigma(1 + e^z)^2}$$
$$z = \frac{t - \mu}{\sigma}, \quad \sigma > 0 \tag{2-32}$$

式中,μ 为位置参数(还可表示为 $\overline{T}$);σ 为尺度参数。

9) Loglogistic 分布

从名称上就可以看出,Loglogistic 分布类似于 Logistic 分布。即当故障时间数据的自然对数符合 Logistic 分布时,那么此数据可认为符合 Loglogistic 分布。因此,Loglogistic 分布和 Logistic 分布有很多的相似之处。

Loglogistic 分布的 pdf 为

$$f(t) = \frac{e^z}{\sigma t (1 + e^z)^2}$$

$$z = \frac{t' - \mu}{\sigma}$$

$$f(t) \geqslant 0, \quad t > 0, \quad \sigma > 0, \quad t' = \ln(t) \tag{2-33}$$

式中,μ 为尺度参数;σ 为形状参数。

10) Gumbel 分布

Gumbel 分布也被称为最小极值(SEV)分布,或者最小极值(类型一)分布。Gumbel 分布适用于模拟强度,强度数据有时候是斜向左的(一些薄弱部位在低压力下失效,同时其余部件在更高的压力下失效)。Gumbel 分布比较适合模拟那些在达到特定寿命后迅速蜕化的产品。

Gumbel 分布的 pdf 为

$$f(t) = \frac{1}{\sigma} e^{z - e^z}$$

$$z = \frac{t - \mu}{\sigma}$$

$$f(t) \geqslant 0, \quad \sigma > 0 \tag{2-34}$$

式中,μ 为位置参数;σ 为尺度参数。

参 考 文 献

[1] 施国洪. 质量控制与可靠性工程基础[M].北京:化学工业出版社,2005.

[2] 孔瑞莲. 航空发动机可靠性工程[M].北京:航空工业出版社,1995.

[3] Leemis L M. Reliability Probabilistic Models and Statistical Methods[M]. New Jersey: Prentice Hall, Inc, 1995.

[4] Kececioglu D. Reliability engineering handbook [M]. New Jersey: DEStech Publications, Inc, 2002.

[5] Keceioglu D. Reliability Engineering Handbook[M]. New Jersey: PTR Prentice Hall, 1991.

［6］刘强. 卫星动量轮性能可靠性建模与评估方法研究［D］. 长沙：国防科学技术大学，2006.

［7］Gupta S. Order statistics from the ganuna distribution［J］. Technometrics，1962，2：243-262.

［8］Goldthwaite L. Failure Rate Study for the Lognormal Lifetime Model［M］. Bell Telephone Laboratories，1961.

［9］Stan D. STAN 00-971. General Specifications For Aircraft Gas Turbine Engines［S］，1987.

第3章 以可靠性为中心的维修 (RCM)概述与应用

3.1 RCM 的起源与发展

1968 年,美国航空运输协会 ATA 制定了第一个国家级的、零基准的航空维修策略 MSG－1。在该报告中,提出了一种逻辑决断图,帮助人们根据故障后果、维修类型的可靠性高低来选择维修任务,并将该方法运用到波音 747 飞机维修上,该方法取得了巨大成功。在之后的应用中对 MSG－1 进一步完善,如增加了对隐蔽性故障的判断,1970 年升级为 MSG－2。该方法应用到洛克希德 1011 和道格拉斯 DC10 等飞机的维修上,收效非常明显。

尽管 MSG－1 和 MSG－2 彻底改变了飞机的维修策略,取得了很大成功,但由于它来源于航空业,专业性强,在其他领域应用受到限制[1]。另外,它在技术方面也存在一些缺陷。为了将航空业的新的维修策略推广到其他领域,美国航空业的 Nowlan 和 Heap 在 MSG－1 和 MSG－2 的基础上,撰写了一份名为《Reliability Centered Maintenance》的报告,该报告是 RCM 历史上最重要的报告之一。该报告的最大特点是将航空业新的维修策略进一步完善,并将其通用化,该报告奠定了 RCM 的基础。与此同时,航空业也将 MSG－2 进一步完善,1980 年出版了 MSG3,也称为 RCM。1987 年,R. T. Anderson 出版了 *Reliability-centered Maintenance：Management and Engineering Methods*[10]一书,进一步将 RCM 推向一般工业领域。但由于种种原因,该书影响不大。

针对 RCM 在应用中的缺陷,1990 年英国 Moubray 在 RCM 的基础上提出了 RCM2,使 RCM 理论和分析过程更加完善,最主要是在故障后果中增加了环境保护内容。现在,Moubray 的 RCM2 是世界最畅销的 RCM 教科书。他所创办的 ALADON(www. aladon. co. uk)也是目前最大的全球性的 RCM 培训机构。

为了规范 RCM,防止在 RCM 发展和具体应用过程中有人错误使用 RCM 进行分析,还制订了 RCM 标准 SAE/JA1011,该文件详细规定了 RCM 的标准。

RCM 技术起源于美国航空界,首次应用 RCM 制定维修大纲的是波音 747 飞机。其研究发展过程主要可分为以下四个阶段[3]:

(1) 1968 年,美国在给新生产的波音 747 飞机建立健全维修制度时,设计了包含有判定故障逻辑的一种程序或大纲,包括制造商和使用者之间协同措施,这是 RCM 形成的最早雏形,尽管当时并没有称之为 RCM。

(2) 1979 年,对上述的维修体制进行了重大修改,形成了 3MSG 维修制度(3 maintenance steering group)。这一制度为确保飞机安全飞行发挥了重要作用,其效果引起了世界范围内广泛的关注。20 世纪 70 年代后期 RCM 开始在美国陆、海、空三军装备上获得广泛应用。到 80 年代中期,美国陆、海、空三军分别就 RCM 的应用颁布了标准和规范。例如,1985 年 2 月美空军颁布的 MIL - STD - 1843,1985 年 7 月美陆军颁布的 AMCP750 - 2,1986 年 1 月美海军颁布的 MIL - STD - 2173 等都是关于 RCM 应用的指导性标准或文件。美国国防部指令和后勤保障分析标准中,也明确把 RCM 分析作为制定预防性维修大纲的方法。

(3) 1988 年,英国人 J. Moubray 进一步针对工业设备发展了"故障模式、效应及危害性分析(failure mode, effect and criticality analysis, FMECA)"的概念,并将此技术称之为"以可靠性为中心的维修"。FMECA 对设备进行故障审核,列出其所有的功能及其故障模式和影响,并对故障后果进行分类评估,然后根据故障后果的严重程度,对每一故障式做出"是采取预防性措施,还是不采取预防性措施,待其发生故障后再进行修复的"决策。

(4) 1991 年,J. Moubray 又提出了完善 RCM 的观点 RCM2,强调了可靠性的一些主要特点和故障的性质,也强调了安全性和环境性后果。如果故障会造成人员伤亡,就具有安全性后果;如果由于故障导致企业违反了行业、地方、国家或国际的环境标准,则故障具有环境性后果。环境性后果已成为预防性维修决策的重要因素之一,将环境性后果引入 RCM 决策过程是 RCM2 的重要贡献,也是 RCM2 与早先 RCM 版本最显著的区别。

3.2　RCM 的分析过程

RCM 是建立在风险和可靠性方法的基础上,应用系统化的方法和原理,对设备的失效模式及后果进行分析和评估,进而量化地确定出设备每一失效模式的风险及失效的根本原因,识别出装置中固有的或潜在的危险及其可能产生的后果,从而制定出针对失效原因的、适当降低风险的维修策略。随着 RCM 技术的发展,在不同领域其定义也不同,但最主要、最基本的定义仍属 J. Moubray 教授的定义:RCM 是确定有形资产在其使用背景下维修需求的一种过程。它不是一种具体的维修方式,也不是笼统意义上的维修思想,严格地讲,它应是一种制定决策的分析方法[1]。

RCM 强调以设备的可靠性、设备故障的后果作为制定维修策略的主要依据。RCM 理论认为,一切维修活动,归根到底是为了保持和恢复设备的固有可靠性。具体地说,要求根据设备及其部件的可靠性状况,以最少的维修资源消耗,运用逻辑决断分析方法来确定所需的维修内容、维修类型、维修间隔期和维修级别,制订出预防维修大纲从而达到优化的目的。RCM 主要围绕以下七个基本问题开展工作[2](见图 3 - 1)。

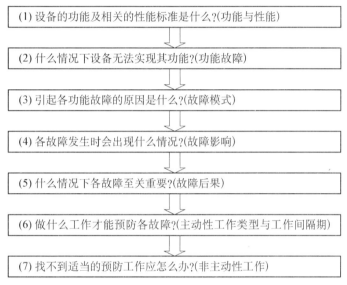

(1) 设备的功能及相关的性能标准是什么?(功能与性能)

(2) 什么情况下设备无法实现其功能?(功能故障)

(3) 引起各功能故障的原因是什么?(故障模式)

(4) 各故障发生时会出现什么情况?(故障影响)

(5) 什么情况下各故障至关重要?(故障后果)

(6) 做什么工作才能预防各故障?(主动性工作类型与工作间隔期)

(7) 找不到适当的预防工作应怎么办?(非主动性工作)

图 3 - 1　RCM 的七大基本问题

1) 首先确定系统的功能和性能标准

既然 RCM 是一种分析过程,一种维修优化方法,通过它可以确定对设备采用什么样的维修任务,才能让设备在它使用的环境下继续完成用户所要求它完成的功能;那么进行 RCM 分析时,首先要确认的就应该是系统/设备的功能是什么。

性能标准,是功能的量化指标,是维修活动进行规范和验收的量化依据。性能指标一般有两个:设备的固有性能和用户所需要的性能。一般用户所期望的性能标准要小于设备的固有性能指标。维修的目的就是:当设备的性能指标下降时,将设备的性能指标恢复到原来固有的水平。如果用户所需要的性能指标大于设备所固有的性能指标,那么常规的维修不再有效,只有对设备进行改进。

功能是 RCM 中一个很重要的概念。只有定义了功能和相应的性能指标,我们才能确认什么是故障。

2) 确定功能故障

功能故障,就是功能失效的表现形式。故障是导致功能中的性能指标不在用户所需要的范围内的一种现象。如果一种"故障"发生后,并没有导致用户所需要的功能丧失,那么它就不叫故障。例如,汽车中的点烟器,即使故障,但对于不吸烟的用户来说,也不是故障,最多认为是潜在的故障。功能是否失效,可以通过故障发生后,功能的性能指标是否还在用户需求的范围内来判断。根据定义,一般功能故障的表现形式是对功能的全部或部分否定。

3）确定导致功能故障的所有故障模式

故障模式,就是导致设备功能失效的事件。以前,人们认为导致设备故障的事件就是故障模式。但是在 RCM 看来,只有导致设备功能失效的事件,才是真正的故障模式,才是需要我们管理的故障模式。

在 RCM 中通常要考虑以下三种类型的故障模式:

（1）已经发生但还没有管理的故障模式。

（2）当前维修策略已经考虑的故障模式。

（3）虽然目前没有发生,但在当前运行条件下将来仍有可能发生的故障模式。

这样就从过去、现在和将来三个角度全面地考虑了故障模式,以避免遗漏重要的故障模式。在描写故障模式时,需考虑故障的后果以及将来的管理手段。如果故障后果比较严重,需要预防故障的发生而且从技术上讲可以预防,就需要清楚描写每种故障模式发生的本质原因,以便预防该故障。例如,如果某泵轴承故障后果比较严重,我们就要清楚地把故障模式描写成"由于润滑油老化导致轴承故障"。相反,如果故障后果不严重,也不需要预防该故障模式,只是采用纠正性维修;或者虽然后果严重,但没有技术手段来预防,只能通过定期试验等来管理故障后果,那么我们描写故障模式时,就没有必要指出故障的原因,可以笼统地描写成设备故障。故障模式的发生与系统和设备的运行条件、运行时间、材料选择、操作水平等众多因素有关。一个设备或部件可以有成千上万个故障模式,维修任务需要针对故障模式的原因和特点来确定。表面上看确定维修任务很困难,但在具体实践中,由于科学技术水平的提高,具有严重后果的故障模式基本都是隐蔽性故障,可以通过定期试验来管理;直接具有严重后果的故障模式,几乎没有。

4）分析故障影响

故障影响也就是故障发生后所产生的一系列现象。它包括故障模式发生后的演变过程、功能故障对安全和环境的影响、功能故障对生产造成的损失、消除故障模式所需要的成本等。描述故障影响的主要目的是为确定维修工作是否可行提供准确、详细的信息。描述故障影响时,要以无特定预防性维修为前提。描述保护装置的故障影响时,应该说明被保护装置和保护装置都故障,即多重故障发生后将发生的情况。

5）分析故障后果

故障后果,就是故障的严重程度。RCM 是根据故障的严重程度,也就是故障后果来确定选择合适的维修任务。为了便于分析、判断,RCM 将故障后果按照由大到小的顺序,分为以下四类:安全、环保、生产、维修成本。为了便于管理故障模式,选择合适的维修任务,在对故障后果进行分类之前,RCM 首先要判断故障模式的属性是显性还是隐性。

把故障模式分为显性和隐性是 RCM 的一大重要贡献。在现有的运行环境下,单一故障发生后用户迟早会发现的故障模式,就是显性故障。相反,如果在现有的运行环境下,单一故障发生后用户不能发现,只有当系统再出现其他故障时,才会导致功能故障发生并被发现,该单一故障就是隐性故障。例如,一个供水系统由两台泵组成,一台运行,一台备用。当备用泵故障时,因为运行泵工作正常,可以正常供水,对系统没有影响,运行人员并不知道;只有当运行泵也发生故障,由于备用泵已经有故障,无法投入运行,最终导致无法供水(功能故障)才会被运行人员发现。这里的备用泵故障就是隐性故障,运行泵故障就是显性故障。

如果一个故障是显性的,而且后果严重,就意味着一旦该故障模式单独发生,就会直接导致严重后果,这会让人们难以接受。在当前工业实践中,一般都通过技术改进把能导致严重后果的显性故障模式转化为隐性故障模式,然后通过用定期试验来管理。因此,在现代维修领域内,对故障模式进行显性/隐性识别,具有非常重要的现实意义。

6) 选择合适的维修任务来预防该故障模式

在 RCM 分析过程中,如果故障模式可以预防且值得预防,按照状态监测、定期维修、定期更换的顺序来选择维修任务。这些维修任务都是在故障发生前实施,且都可以防止故障的发生,因此也称为预防性维修任务。

状态监测,就是定期对设备的状态进行监测,当设备的状态趋势恶化时,考虑对设备进行维修。例如,对轴承进行振动监测,对轴承进行温度测量,对润滑油进行油样分析,对压缩机进行密封性检查等。RCM 认为,与时间相关的故障模式只有 11% 左右,大部分的故障模式与时间无关,因此无法用定期维修来管理。那么怎么管理这些随机发生的故障模式呢? 一个最重要的手段就是状态监测(另外是针对隐性故障的定期试验)。它最大的优点是回答了设备何时修的问题,也解决了以前维修过度的问题。因此,状态监测技术是目前在维修优化领域最有发展前途的维修技术。目前状态监测技术有以下几类:设备振动监测,颗粒度监测,超声波监测,电动机电流的监测,油样分析,抽样检查,无损探伤等。

定期维修,就是定期对设备进行某种维修,使其恢复到原来的状态。例如,定期对过滤器进行清洗,定期用力矩扳手对螺栓进行紧固等。

定期更换,就是定期对设备或其部件进行更换,使其恢复到原来的状态。例如定期更换密封垫片等。

需要进一步指出的是,在分析中所选择的维修任务,一定要注意同时满足以下两个条件：

一个是从故障后果来看是否值得做。如果该故障模式的后果是经济性的，那么所选择的维修任务的成本要低于故障所造成的损失。例如，如对一个泵进行振动测量，每年费用 2 000 元。该泵平均 10 年故障一次，故障后果是损失 10 000 元，那么平均每年损失 1 000 元。显然，对泵进行振动监测的费用要大于泵故障后的维修费用，因此就不值得对泵去进行状态监测。

另一个是从技术角度来看是否可以做。就是说，所选择的维修任务真正能预防故障的发生。这与故障模式的技术特性紧密相关。例如，选择状态监测时，要保证设备故障前有可监测得到的故障现象，而且从潜在故障到故障时间要足够长。选择定期维修/定期更换时，需要设备的确有一个真正的寿命，当设备运行到该寿命后，故障概率要迅速上升。

7）如果无法预防该故障模式，应选择合适的维修任务来管理其故障后果

也就是说如果故障模式不能预防，则考虑怎样管理故障后果。RCM 指出：

（1）如果故障后果不严重，则考虑纠正性维修。

（2）如果故障后果严重，而且是隐性故障，则考虑用定期试验来管理故障后果。

（3）如果故障后果严重，而且是显性故障；或者虽然是隐性故障，但无法用合适的定期试验来管理故障后果，则考虑设计变更。前者可以增加备用设备，将显性故障转化为隐性故障后，利用定期试验管理后果，或采用其他改进方式；后者只能采用其他改进方式。

实际进行 RCM 分析时，由 RCM 分析小组共同完成。RCM 分析小组由 RCM 分析部门的督导员和不同部门的有经验的专业技术人员组成（见图 3 - 2）。督导员在整个分析过程中总体协调、控制，完成 RCM 分析过程。必要时性能试验、在役检查、化学、防腐等相关支持人员参与专家小组，帮助分析小组解决疑难问题。

图 3 - 2　RCM 分析小组组织结构

3.3　RCM 在国内外的应用情况与发展动态

3.3.1　RCM 在国际上的应用

20 世纪 70 年代中期，RCM 引起美国军方的重视，美国国防部明确命令在全

军推广以可靠性为中心的维修。70 年代后期 RCM 开始在美国陆、海、空三军装备上获得广泛应用。到了 80 年代中期,美国陆、海、空三军分别就 RCM 的应用颁布了标准和规范,并结合 RCM 推广应用的成果,实施了多方面的维修改革。首先是改革陆军战斗车辆(坦克、装甲车辆)的送厂大修规定,改变过去的定程修理规定,实行类似于陆航飞机视情送修的办法。从美军 1977 年到 1982 年的实际调查情况来看,采用视情送修这项改革节约维修经费达 3 亿美元。目前美军几乎所有重要的军事装备(包括现役与新研装备)的预防性维修大纲都是应用 RCM 方法制订的。实践证明,如果 RCM 正确运用到现行的维修设备中,在保证生产安全性和资产可靠性的条件下,可将日常维修工作量降低 40%～70%,大大提高了资产的使用效率。

RCM 不仅被军事领域所重视,而且在工业界也具有广泛的应用。80 年代美国电科院(electric power research institute, EPRI)将 RCM 引入核电站的维修,后来又应用于火电厂,达到了提高可靠性和降低维修费用的目的。1984 年,美国 EPRI 在核电站刚开始推广这项技术时,就论证 RCM 的有效性。1988 年在罗切斯特气体厂和吉纳核电站,以及南加利福尼亚州圣奥诺弗雷核电站,EPRI 开始了 RCM 技术可行性的大规模论证。两年后,研究者获得了精练的 RCM 实施方法,同时对工厂系统进行 RCM 分析,进行维修决策,制订维修计划,并评估其有效性。吉纳核电站有 21 个系统实施了 RCM 技术,实施者建议改进的计划维修项目大约有 1 300 项之多。这些成果推动了美国核电站广泛地采用 RCM 技术。现在美国所有在运的核电站都有实时的 RCM 分析。

英国 J. Moubray 创设的维修咨询有限公司,从 90 年代开始就为 40 多个国家 1 200 多家大中型企业成功地进行过 RCM 的咨询、培训和推广应用工作。据统计,这些企业中大约 25% 的高级管理人员受到了 RCM 初级培训,约 10% 的企业至少在一个工厂的所有设备上应用了 RCM,65% 的企业对其所属的部分设备进行过审查,大部分企业计划继续应用 RCM 来分析其绝大部分的设备。

自 1980 年以后,RCM 在世界各个工业领域(包括航空、石油、化工、电力、铁路等)都得到广泛的应用。据电站维修资源中心统计,在全球欧美发达国家的传统制造业中,有 60% 的企业应用 RCM 来建立或优化维修大纲,RCM 成为世界上最好的维修大纲优化工具之一。

据统计,早期的 DC-8 飞机有 339 个设备安排了定期解体大修,而今天 DC-10 飞机只有 7 个设备安排定期解体大修;对于波音 747 飞机,以前大的定期维修需要 $4×10^6$ h,现在只需要 $6.6×10^4$ h 时。同时飞行安全性较之以前有了很大提高,飞机每百万次起落事故(机械)由 20 世纪 60 年代的 60 次左右,降低到现在的 0.4 次左右。应用过程中发现 RCM 的主要优势在于提高设备可靠性与减少维修成本[1]。

（1）在提高设备可用性方面。RCM分析后，某牛奶厂的产量在6个月内增加了16％；某露天煤矿的1台300 t的活动电铲其可用度在6个月内由86％增加到92％；某钢厂保温炉的可用率达到98％，而期望值是95％。

（2）在减少维修成本方面。RCM分析后，某糖果厂日常维修工作减少了50％，某汽车发动机生产线的日常维修工作减少了62％，某配电系统中11 kV变压器的日常维修工作减少了50％。某传统制造厂拥有2 400名员工，产品类型超过3 000种。该厂在不到四年的时间内经历了从纠正性维修到预防性维修、预测性维修和RCM维修体系的变化。这个过程中不仅建立了适合设备运行特点的维修体系，也识别了最常见故障模式和导致最大经济损失故障的根本原因。从而提高了设备的可用率，降低了运行成本。某法国水务公司有职工400人，主要从事供水和水运工作。该公司应用RCM优化维修大纲后，维修费用得到控制，设备可靠性得到提高。此外，RCM在汽车制造领域也得到了广泛应用。

3.3.2　RCM在国内的应用

20世纪80年代中后期，我国军事科研部门开始跟踪研究RCM理论和应用。1992年国防科工委颁布了由军械工程学院为主编单位编制的我国第一部RCM国家军用标准《装备预防性维修大纲的制定要求与方法》，该标准在海军、空军及二炮部队主战装备上的应用取得了显著的军事和经济效益，促进了现役装备维修改革和新装备形成战斗能力。空军对某型飞机采用RCM后，改革了维修规程，取消了50 h的定检规定，寿命由350 h延长到800 h以上。由于技术、管理和认识上的原因，RCM在通用装备上的推广应用一直处于研究与探索阶段，还没有做真正意义上的应用工作，因此没有取得应有的效益。为适应新时期军事斗争形势，加快武器雷达装备维修改革的步伐，总装备部通用装备保障部武器雷达局决定自2002年起利用2年时间，对各类主战武器雷达装备全面实施RCM分析，形成基本具体装备的预防性维修大纲。然后在此基础上重组与优化维修保障系统，进行维修改革，构建我军武器雷达装备以可靠性为中心的维修制度新体系。当前海军和空军也正在加大RCM的推广应用力度，应用RCM分析方法对原有的维修文件进行修订[4]。

尽管RCM在军队已进行了初步的推广，但在地方工矿企业还未得到广泛的应用。当前仅仅在武汉、合肥等民航管理局开展了运七飞机的RCM工作试点，部分石化、电力和核电站行业也开始应用RCM。2007年，兰州石化公司、合肥通用所、挪威船级社和北京化工大学共同合作对兰州石化公司的重油催化装置进行了RCM评估。该项目RCM分析范围囊括了300万吨/年重油催化裂化装置的所有工艺系统，其中包括压缩机11台、泵类123台、电机涡轮等3台、塔类21台、容器75台、反应设备3台、换热设备等188台、安全连锁报警装置74台、阀门12台以及其他设备 82 台的 RCM 分析。根据该装置的失效历史、退化机理和所含的危险介质以及设计基础资料等,分别对该装置所有设备的失效概率和失效后果进行"高"或"低"风险的评价,筛选出低风险的设备。对设备进行 RCM 评估后,大修频次降低,可节省约 941 万元的设备维修费用[5]。

在火电方面,国家电力公司制订的火力发电厂实施设备状态检修的指导意见国电发[2001]745 号文中明确建议:火力发电厂在实施设备状态检修的基础上,开展 RCM 维修优化活动。但由于利用 RCM 来优化维修活动比较复杂,因此至今为止 RCM 还没有像状态检修那样大规模地推广和应用,只有少部分企业利用 RCM 的某些思想进行了优化维修活动[6]。

在核电方面,大亚湾核电站在 1999 年开始引进和开展 RCM 分析工作。首先以凝结水抽取系统作为试点进行 RCM 分析,并获得了成功。在此基础上,2000 年成立了专门的组织机构——维修优化科,负责进行 RCM 的分析和实施工作。至 2004 年底,大亚湾核电站已完成了 79 个系统(核岛 14 个,常规岛 26 个,电气 39 个)的 RCM 分析。通过分析,优化了维修大纲,提高了系统的可靠性,降低了维修成本。例如,在大亚湾核电站第八次大修中,常规岛 4 个系统在应用 RCM 分析的维修大纲后,共取消 30 项解体维修项目,直接节约维修成本约 110 万元人民币,更重要的是,及时发现并处理了一些重大设备隐患,提高了设备的可靠性[7]。

在水电方面,RCM 在香港中华电力公司推广已有 10 多年,RCM 检修管理理念深入人心,制订的各种检修维修策略都得以有效执行,普遍延长了各类设备的检修间隔,极大地节约了人力和费用。2002 年 8 月,经中华电力公司引荐,广州蓄能水电厂决定引进 RCM,并成立 RCM 项目管理小组,由检修部一名部长任项目经理,由外聘的美籍 RCM 专家指导,逐系统进行推广应用。RCM 理念在电厂经过多年的推广应用,使电厂的生产管理水平得到了进一步的提高,保证电厂运行生产指标的完成并维持在较高的水平[8]。

3.3.3 RCM 技术发展动态

1) 应用范围逐渐扩大

RCM 最初应用于飞机及其航空设备,后应用于军用系统与设备,现已广泛应用于其他各个行业,如核电企业、电力公司、汽车制造厂等,逐渐扩展到企业的生产设备与民用设施。为了更准确地反映 RCM 的应用对象与范围,RCM2 把 RCM 定义为:"确定有形资产在其使用背景下维修需求的一种过程。"从其定义可以看出 RCM 的适用对象为有形资产,而不仅仅是传统 RCM 规定的大型复杂系统或设备。这里有形资产主要是相对于无形资产(资金或软件)而言,它可以是军用装备、生产设备,也可以是民用设施。这样的定义使 RCM 的适用范围大大扩展。

目前的 RCM 应用领域已涵盖了航空、武器系统、核设施、铁路、石油化工、生产制造、甚至大众房产等各行各业。

2）RCM 分析过程更加清晰

对 RCM 分析所需的信息进行了规定，制订了 RCM 分析的标准流程，从而使得分析过程更加清晰。

（1）RCM 分析所需的信息。根据分析进程要求，应尽可能收集下述信息，以确保分析工作顺利进行。

① 产品概况，如产品的构成、功能（包含隐蔽功能）和余度等。

② 产品的故障信息，如产品的故障模式、故障原因和影响、故障率、故障判据、潜在故障发展到功能故障的时间、功能故障和潜在故障的检测方法等。

③ 产品的维修保障信息，如维修设备、工具、备件、人力等。

④ 费用信息，如预计的研制费用、维修费用等。

⑤ 相似产品的上述信息。

（2）RCM 分析的一般流程。

图 3 - 3 所示是 RCM 分析的一般流程，包括设备的划分、整理维修数据历史库、FMECA 过程分析、确定维修工作的类型、制订维修计划、执行维修计划和评价维修效果。

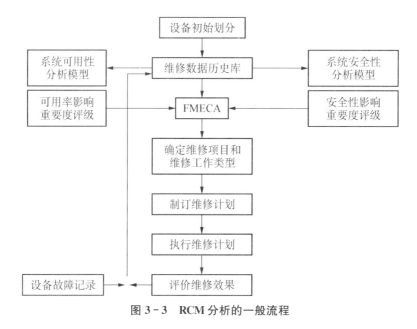

图 3 - 3　RCM 分析的一般流程

3）对安全与环境性后果更加重视

RCM 认为，故障后果的严重程度影响着我们采取预防性维修工作的决策。即如果故障有严重后果,就应该尽全力设法防止其发生。反之除了日常的清洁和润滑外,可以不采取任何预防措施。

4) 预防性维修工作的分类趋于科学

RCM2 把预防性维修工作定义为预防故障后果,而不仅仅是故障本身的一种维修工作。这样的定义使预防性维修的范畴大大扩展,这样划分后 RCM2 把预防性维修分为主动性维修和非主动性维修两大类,主动性维修又可分为定期恢复、定期报废和视情维修,非主动维修包括故障检查、重新设计和无预定维修,如图 3 - 4 所示。

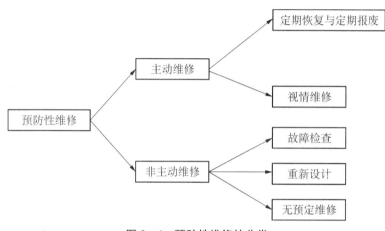

图 3 - 4　预防性维修的分类

5) 对 RCM 逻辑决断图进行改进

RCM2 的逻辑决断图的基本流程与传统的 RCM 逻辑断决断图(MSG - 3, MIL - STD1843,GJB1378)相比,有了一定的改进,主要体现在以下几点[4]:

(1) 增加了对环境问题的考虑,把隐蔽性后果与其他后果并列使故障后果有四个分支,即隐蔽性故障后果、安全性和环境性后果、使用性后果和非使用性后果。

(2) 使用"技术可行性"和"值得做",代替传统的决断准则用语"适用性"与"有效性"。因为 RCM2 的提出者认为后两个术语的使用方式在维修领域不为人们所熟悉,需要经常做大量的解释。

(3) 图中增加了各项具体工作的"技术可行性"和"值得做"的详细准则。

(4) 图中未单独把保养/润滑列为一项预防性维修工作,但 RCM2 要求对集中润滑系统作完整的 RCM 分析,把各独立的润滑点看作是单独的故障模式。

(5) 把故障检查看作是非主动性工作,排在各项主动性工作之后,而在传统的决断图中故障检查工作排在了定期恢复、定期报废等主动性工作之前。

6) 注重 RCM 实施过程的管理

尽管 RCM 的应用属于技术层面的问题,但它产生的结果对装备的使用以及维修制度产生直接的影响,没有决策部门的支持参与,RCM 的推广应用不可能取得理想的结果。当前在 RCM 的实施过程中比较注重加强管理,具体表现在:

(1) 成立 RCM 指导小组。RCM 指导小组由熟悉并能对装(设)备维修制度运行产生影响的有关领导、熟悉 RCM 原理与分析过程的专家和熟悉装(设)备结构与维修的人员共同组成。主要负责 RCM 分析的管理与协调工作;负责 RCM 技术推广、人员培训,对装(设)备 RCM 分析小组给予技术支持。

(2) 组织 RCM 培训。培训是投资回报率最高的一项工作,目的是在尽可能短的时间内把专家的经验传授给相关人员。通过对 RCM 相关人员的培训使他们增强对 RCM 的认识,从而促进 RCM 的推广应用。

7) 强调数学模型对 RCM 决策的支持作用

RCM 是一种复杂的系统工程方法,为保证成功的实施,不仅需要有一套科学的方法理论作指导,还需要方便有效的技术工具(模型)作基础。当前的 RCM 研究和应用非常注重数学模型的支持作用,从不同角度对 RCM 的模型进行了分类。

(1) 按预防性维修工作的类型分:使用检查模型、功能检测模型和定期更换模型。

(2) 按 RCM 建模的目的分:有故障风险模型、可用度模型和费用模型。

(3) 按产品的复杂程度分:有单部件模型和复杂部件模型。

(4) 按建模的时间基准分:有无限基准模型和有限基准模型。

上述数学模型强调了 RCM 逻辑决断的有效性定量评估,增强了 RCM 决策的准确程度,对 RCM 的推广将起到非常积极的作用。

3.4　RCM 在燃气轮机维护中的适用性

RCM 是当今复杂、高可靠性设备维护领域最重要、最基本的维护需求分析方法。其他方法,如 preventive maintenance optimization、streamlined RCM、TBM、CBM、PdM 等,或者是 RCM 的衍生物,或者是 RCM 中的一部分。自 1980 年以后 RCM 在世界各个工业领域(包括航空、石油、化工、电力、铁路等)都得到了广泛的应用。据 Plant Maintenance Resource Center 统计,在全球欧美发达国家的传统制造业中,有 60% 的企业应用 RCM 来建立或优化维修大纲,RCM 成为世界上最好的维护大纲优化工具之一。以燃气轮机实际情况和运行历史来看,RCM 是最适合的维护方法。

3.4.1 现行的以 TBM 为主的维修策略的主要缺陷

目前,燃气轮机机组基本上采用的是按照时间划分维修等级的 TBM 的维修方式。按照时间将维护级别划分为 Ⅰ 级、Ⅱ 级、Ⅲ 级,然后按制订好的维修大纲执行维修计划。其实,现行维修大纲中也已体现出了一些 RCM 的维修思想。

传统的 TBM 观念,是基于经典的"磨损理论",认为故障概率随着时间的推移,会在某一时刻急剧上升。因此只要计算出故障概率急剧上升的时间,在之前适时安排维护工作,就能排除大部分故障。这种维护观念存在如下四方面的缺陷[9]。

(1) 随着设备设计、制造工艺渐趋复杂,至今为止发现了至少六种故障率关于时间的分布曲线,如前所述,其中 89% 的故障模式与时间无关。TBM 适用的故障实际仅是故障模型 B。

(2) 即使部件的故障模式满足故障模型 B,也很难找到一个故障概率急剧上升的时间点。实际上,故障概率在某一时间点附近符合近似的正态分布。一般分析过程中均采用故障率,是因为故障概率会给人造成运行超过某一时间,发生故障的概率反而会降低的错觉。

(3) 这种观点简单地把故障归结为自身的磨损,即个体行为。实际上,设备投产之后其故障发生的概率,受运行环境(如环境温度、湿度、工质中杂质含量等)和其他部件的运行状态影响很大。

(4) 在 TBM 维护观点中,维护越频繁,设备发生故障的概率就越低。实际生产过程中,不必要的干涉性维护,尤其是涉及解体的维护工作,由于操作不正确、工作质量差,常常会导致早期故障,即故障模型 F,维护后设备发生故障的概率反而增大。例如,频繁地对润滑油过滤系统进行检查和清理,可能会增加安装不正确的概率,使油路中出现间隙,导致油品下降。

3.4.2 燃气轮机采用 RCM 策略的基础

目前,我国在燃气轮机方面已经积累了许多宝贵的运行维护经验,为开展 RCM 的维修策略提供了良好的基础。主要分为两个方面:完善的系统状态监测和大量的故障数据、备件使用数据。

1) 完善的系统状态监测

当前运行的燃气轮机机组都有较为完善的状态监测系统,无论是对燃气轮机本体还是辅助系统都有一系列的测点,对于表征系统运行状态和安全性的关键参数都有实时监控。这为 RCM 的开展提供了良好的基础。

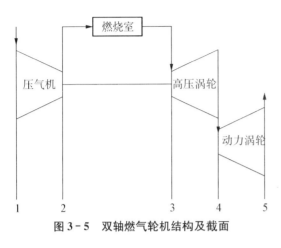

图 3-5 为某工业用燃气轮机的结构,其 1、2、4、5 截面的温度、压力均有测点,除此之外该机组还对高速轴、低速轴的转速及振动,机组消耗的燃料量进行了监测。除对燃机本体进行监测外,辅助系统的测点也较为全面。如对空气、燃料气过滤器的差压进行监测,对润滑油的温度和压力进行监测,对机箱内烟雾浓度进行监测等。

图 3-5 双轴燃气轮机结构及截面

2) 大量的故障数据和备件使用情况

经过多年运行维护工作经验的累积后,国内燃气轮机用户拥有了大量的故障数据,根据这些数据,可以发现设计或者安装,或者现行维修策略的不足之处,并加以优化。

表 3-1 对某燃气轮机三年的故障停机情况和备件消耗情况进行统计分析。

表 3-1 故障停机情况统计表

分类	故障原因	次数
机械部分	箱体压差	11
	进气滤芯压差	3
	工艺气阀	3
	燃料气电磁阀	1
	燃料过滤器	1
仪表	各类传感器故障总和	25
其他	控制/逻辑/信号存储于干扰	23
	I/O 包故障	14
	外电问题(中断、不稳定)	22
	内部供电	1
	天气/环境	7
	人为	3
	燃料气质	1
	不明	11

在备件使用记录中,使用最多的是进口空气过滤及润滑油过滤使用的滤芯,该燃气轮机三年内使用的滤芯统计情况,如表 3－2 所示。

表 3－2　各类滤芯备件使用情况

名称	使用原因	总计
进口空气过滤器	定期更换	3 030
	故障	0
合成油过滤器	定期更换	53
	故障	14
矿物油过滤器	定期更换	38
	故障	6

3.5　小结

本章着重介绍了 RCM 的基本内容,包括了 RCM 的起源与发展,RCM 的 7 大核心问题,RCM 的实施与组织结构,RCM 的标准分析过程,RCM 在国内外的应用情况。

由于不同于基于时间和状态的维护策略,RCM 不是一种简单的选取某一参数作为维修标准的维修策略,而是一种综合性的维修分析思想。为了介绍清楚 RCM 的基本思想,本文选取 RCM 的 7 大核心问题为切入点展开介绍。通过对这 7 个问题的提出与解答来介绍 RCM 的分析过程与基本观点。

最后结合燃驱压缩机组的实际情况,比较了 RCM 和其他维修策略之间的关系,指出了现行的基于时间的维修策略的不足之处,结合机组的运行和维修基础,论述了 RCM 是适合燃驱压缩机组的一种维修策略。

参 考 文 献

［1］Moubray J. Reliability-centered Maintenance［M］. New York：Industrial Press Inc.，1997.

［2］Moubray J. 有关"简化的"RCM 的剖析[J]. 中国设备工程,2003(6):7－10.

［3］罗冠军. 基于 RCM 的电站设备维修管理系统的研究[D]. 北京:华北电力大学,2009.

［4］贾希胜,陈中华. 以可靠性为中心的维修(RCM)发展动态[J]. 军械工程学院学报,2002,14(3):29－32.

［5］ 任世科,陈德昌,陈勇.以可靠性为中心的维护(RCM)技术在石化企业中的应用[J].甘肃科技,2008,24(24):58-61.

［6］ 刘晓锋,陆颂元.发电设备 RCM 实施方法的研究与探讨[J].汽轮机技术,2005,8:244-247.

［7］ 李晓明,陈世均,武涛,等.以可靠性为中心的维修在核电站维修优化中的应用与创新[J].核动力工程,2005,26(6):73-77.

［8］ 刘海洋,汪志强.RCM 在广州蓄能水电厂的推广应用[J].水电自动化与大坝监测,2006,30(5):26-29.

［9］ 周登极,高顺华,侯大立,等.燃驱天然气压气站设备以可靠性为中心的维护[J].油气储运,2014,05:505-509.

［10］ Anderson, Ronald T, Lewis Neri. Reliability-Centered Maintenance: management and engineering methods [M]. Berlin: Springer Science & Business Media, 2012.

第4章 燃气轮机 RCM 的相关分析方法及工具

　　根据 RCM 围绕的 7 个基本问题,可得燃气轮机以可靠性为中心的维修分析过程主要包括:确定实施 RCM 设备系统的功能和性能标准;确定设备出现的功能故障;确定导致功能故障的所有故障模式及影响和危害性分析;确定合适的维修方式和维修周期。在进行燃气轮机 RCM 分析时,为了实现以上四个过程的实施,需应用燃气轮机 RCM 的相关分析方法和工具,包括故障模式影响及危害性分析(FMECA)方法、RCM 逻辑决断方法、燃气轮机的模型以及 RCM 维修方式模型。

　　故障模式影响及危害性分析(FMECA)方法主要是用来完成 RCM 分析的前三个过程,而 RCM 逻辑决断方法、燃气轮机的模型以及 RCM 维修决策模型则是用来确定合适的维修方式和维修周期。根据前面章节中对以可靠性为中心的维护(RCM)技术的介绍,本章将对故障模式影响及危害性分析方法(FMECA)、逻辑决断方法、燃气轮机模块化建模以及 RCM 维修决策模型等相关的工具进行阐述。

4.1 故障模式影响及危害性分析

4.1.1 FMECA 概述

4.1.1.1 基本定义

　　故障模式影响和危害性分析(failure mode, effects and criticality analysis, FMECA)是分析系统中每一部件所有可能产生的故障模式及其对系统造成的所有可能影响,并按每一个故障模式的严重程度、检测难易程度以及发生频度予以分类的一种归纳分析方法,是一种系统化的故障预想技术,它是运用归纳的方法系统地分析部件设计及运行中可能存在的每一种故障模式及其产生的后果和危害的程度。通过全面分析找出设计薄弱环节,实施重点改进和控制[1]。

　　故障模式影响和危害性分析是故障模式影响分析(failure mode and effects analysis, FMEA)和危害性分析(criticality analysis, CA)的组合分析方法。故障模式影响分析包括故障模式分析、故障原因分析、故障影响分析[2,3]。FMEA 的实施一般通过填写 FMEA 表格进行。

为了划分不同故障模式产生的最终影响的严重程度,在进行故障影响分析之前,一般对最终影响的后果等级进行预定义,最终影响的严重程度等级又称为严酷度(指故障模式所产生后果的严重程度)类别。

危害性分析的目的是按每一故障模式的严重程度及该故障模式发生的概率所发生的综合影响对系统中的产品划等分类,以便全面评价系统中各种可能出现的部件故障的影响。CA 是 FMEA 的补充或扩展,只有在进行 FMEA 的基础上才能进行 CA。CA 常用的方法有两种,即风险优先数(risk priority number,RPN)法和危害矩阵法,前者主要用于汽车等民用工业领域,后者主要用于航空、航天等军用领域。

4.1.1.2 发展历史

FMECA 之前身为 FMEA。FMEA 作为一种可靠性分析方法起源于美国。早在 20 世纪 50 年代初,美国格鲁门飞机公司就采用 FMEA 方法对飞机进行主操纵系统的失效分析,取得了良好的效果。1957 年波音(Boeing)与马丁(Martin Marietta)公司在其工程手册中正式列出 FMEA 之作业程序。到了 60 年代后期和 70 年代初期,FMEA 方法开始广泛地应用于航空、航天、舰船、兵器等军用系统的研制中,并逐渐渗透到机械、汽车、医疗设备等民用工业领域,取得显著的效果。60 年代初期,美国航空太空总署(National Aeronautics and Space Administration,NASA)将 FMECA 技术成功地应用于太空计划,同时美国军方也开始应用 FMECA 技术,并于 1974 年出版军用标准 MIL‐STD‐1629 规定 FMECA 作业程序,1980 年将此标准修订改版为 MIL‐STD‐1629A 沿用至今,目前此标准仍为全世界最重要的 FMECA 参考标准之一。1976 年美国国防部确定 FMEA 为所有武器采购的必要活动。七十年代后期,美国汽车工业采用 FMEA 作为风险评估工具[4]。到 80 年代[5]以后,许多汽车公司开始发展内部的 FMECA 手册,此时所发展的分析方法与美军标准渐渐有所区别,最主要的差异在于采用半定量评点方式评估失效模式的关键性,后来将此分析法推广应用于运行阶段潜在故障模式分析。因此针对分析对象的不同,将 FMECA 分成"设计阶段 FMECA"与"运行阶段FMECA",并开始要求供货商所供应的零件进行设计与运行阶段 FMECA,将其视为对供货商的重点考察项目。在各个汽车厂都要求零件供货商按照其规定的表格与程序进行 FMECA 的情况下,由于各公司的规定不同,造成零件供货商额外的负担与困扰,为改善此现象,福特(Ford)、克莱斯勒(Chrysler)与通用汽车(General Motor)等三家公司在美国品管学会与汽车工业行动组的赞助下,整合各汽车公司之规定与表格,在 1993 年完成《潜在失效模式与效应分析(FMEA)参考手册》,确立了 FMECA 在汽车工业的必要性,并统一其分析程序与表格。1985 年由国际电工委员会(International Electronical Commission,IEC)所出版的 FMECA 国际标准(IEC812)即是参考美军标准 MIL - STD - 1629A[6, 7]并加以修改而成的 FMEA 作业程序。1991 年,ISO9000 推荐采用 FMEA;1994 年,QS9000 强制采用 FMEA,将 FMECA 视为重要的设计管制与安全分析方法。

国内在 20 世纪 80 年代初期,随着可靠性技术在工程中的应用,FMECA 的概念和方法也逐渐被接受。1985 年 10 月,国防科工委颁发的《航空技术装备寿命和可靠性工作暂行规定(试用)》中肯定了 FMECA 的重要性[8]。目前在航空、航天、兵器、舰船、电子、机械、汽车、家用电器等工业领域,FMEA 方法均获得了一定程度的普及[9, 10],为保证产品的可靠性发挥了重要作用。可以说该方法经过长时间的发展与完善,已获得了广泛的应用与认可,成为在系统的研制中必须完成的一项可靠性分析工作。

4.1.1.3　FMECA 目的与作用

FMECA 的目的是通过 FMECA 可以找出设计过程中的缺陷和运行过程中的薄弱环节,特别是针对这些故障率高的单点故障,采取补救或改进措施[11]。例如某一部件的故障率较高且失效将导致严重后果,就可以采取冗余技术、改用可靠性等级更高的元器件或修改设计等措施,以消除或减少故障发生的可能性,提高产品的可靠性。这是一种预防为主的设计思想,可及早发现问题及早解决[12]。

对设备进行 FMECA,可以保证有组织地、系统地、全面地查明产品的一切可能的故障模式及其影响,对它们采取适当的补救措施,或确定其风险已低于可以承受的水平[13],为制订关键项目清单或关键项目可靠性控制计划提供依据;为可靠性建模、设计、评定提供依据;揭示安全性设计的薄弱环节,为安全性设计提供依据;为元器件、材料、工艺的选用提供信息;为确定需要重点控制质量及生产工艺(包括采购、检验)的薄弱环节提供信息;为可测性设计、单元测试系统设计、维修保障设计、编写维修指南提供信息;为冗余设计、故障诊断、隔离及结构重组等提供信息;为及早发现设计、工艺缺陷,以便提出改进措施。为同类产品的设计提供帮助信息;并作为产品符合可靠性设计指标的一种反复、迭代的设计手段。

4.1.2　FMECA 过程

FMECA 是一种系统化辅助分析工具,此分析工具必然会牵涉到公司内很多部门、人员与技术,要将这些有效地整合在一起,应考虑的先期规划工作如下:

(1) 组成 FMECA 团队。由于 FMECA 与企业中很多部门都有关联,而且在应用上要综合各种技术,所以必须利用团队方式进行。以设计阶段 FMECA 而言,应由设计、制造、组装、品保、可靠度、业务、采购、测试,以及其他适当之专业人员组成团队,而由负责产品或设计的工程师担任所有相关行动之代表,随着设计的渐趋成熟,可能要在适当的时机更换不同专长之团队成员,以满足不同阶段之需求。

(2) 资料搜集。一般而言,在执行 FMECA 之前应掌握以下几个方面的数据:

① 有关产品设计方面的数据。了解需分析之产品的功能、工作原理、运行及工作程序、结构形式、其组成的零组件特性、材质等。

② 有关制造工艺方面的数据。了解产品加工过程、组装过程、方法、检验及测试方式等。

③ 有关使用维修方面的数据。了解产品的使用、操作过程、工作条件、操作人员情况、完成每项维修工作所需时间、维修记录(失效记录、维修方法、维修时间、工时、成本)等。

④ 有关环境方面的资料。了解产品的规定使用条件、实际工作环境条件、与其他系统之间的接口关系、人机接口等。

(3) 制订 FMECA 执行方案。根据 FMECA 的实际需要或合约的需求,拟订 FMECA 执行方案,据以执行 FMECA,并随时间变化而不断更新 FMECA,且将分析结果提供作为运行设计参考,通常 FMECA 执行方案中要规定使用的表格、所要分析的最低约定层次、编码系统、故障定义。

在完成基本数据的搜集且有了 FMECA 的执行方案之后,就应按照执行方案中的规定,利用搜集得到的数据,进行 FMECA 的分析工作,其分析程序如下:

(1) 系统定义。在执行 FMECA 时,首先要先定义所要分析的系统,包括其整体系统描述、系统功能、环境条件。

(2) 故障模式分析。将系统各组合层次部件与其接口可能的故障模式列举出来,可以利用以往类似产品或部件的故障记录数据,整理出可能的故障模式,再以工程经验从中选出适用的故障模式。

(3) 故障模式影响分析与严重等级评估。针对每一个故障模式,分析其发生后的可能后果,通常可分别分析对部件本身的影响及对其他部件的影响,做叙述性的描述。根据每一个故障模式所可能产生后果的影响程度,评估其严重等级,称为严重度。

(4) 故障原因分析。进行故障原因分析时,必须结合工程经验分析每个故障模式发生的可能原因。每一个故障模式的发生可能会有很多个原因,分析时应该尽可能地都探讨出来。

(5) 故障模式发生概率分析或评估。针对每一个故障模式,分析其可能发生的概率,称为发生概率。

(6) 危害性分析。危害性分析的目的是运用故障模式与影响分析结果,以及所有的信息,根据严重性分类、其发生概率及管制难易程度的综合影响。分析时,将每一可能发生故障模式,按影响程度的顺序排序,决定该对象的关键程度。

(7) 故障对策与决策。危害性分析的结果可作为决策时的重要参考,通常执行 FMECA 所得到的故障模式有很多,若要同时对这些故障模式均进行设计变更或设计修改,要花费的人力与资源会相当可观,几乎是不可能的。所以需要靠危害性分析的结果来决定这些故障模式处理的先后次序。

(8) 故障补救/预防措施。针对每一个故障模式,从设计的预防方面或从操作者的行动方面着手,分析其有效的预防或补救措施,以避免或降低此故障模式的发生概率、降低其发生时所产生的影响之严重程度。

(9) 填写故障模式影响与危害性分析表。按照 FMECA 中的规定将以上分析结果填入故障模式影响与危害性分析表格中,填写时应注意将所要填写的数据按照部件组合架构做有系统的排列,以便做整体性之评估,将来也较容易搜寻数据。

4.1.3　FMECA 分类

根据产品在不同的阶段,FMECA 应用的目的和方法略有不同,为此,FMECA 主要分为设计阶段 FMECA 和运行阶段 FMECA[14]。虽然在产品各个阶段有不同形式的 FMECA 方法,但其根本目的都是从产品策划、设计(功能设计、硬件设计、软件设计)、生产(生产可行性分析、工艺设计、生产设备设计与使用)和产品使用角度发现各种缺陷与薄弱环节,从而提高产品的可靠性水平。

1) 设计阶段 FMECA

设计阶段故障模式、影响与危害性分析是属于在概念定义到设计定型整个研究发展过程中的一项实质的设计机能,为求达到其效益,设计 FMECA 必须配合设计发展之程序反复进行。在执行 FMECA 所须投入的努力程度与选用方法的复杂程度应视个别计划的特性与需求而定,所以需要对个别计划加以修改,无论复杂的程度如何,修改的原则必须使设计阶段的 FMECA 对于计划的决策有所帮助。

FMECA 作为设计阶段的工具以及在决策过程中的有效性决定于设计初期对于问题的信息是否有效地传达沟通,或许 FMECA 最大的缺点在于其对设计的改进效益有限,其最主要原因是执行的时机不对以及单独作业没有适当输入FMECA 信息。FMECA 的目的是发现在系统设计中的疑点与盲点,确认所有故障模式,其第一要务是及早地确认系统设计中所有致命性与关键性的故障模式,找出发生的原因,以便尽早地采取措施,如修改设计,避免故障模式发生或使其发生概率降至最低。因此应该在获得初步设计数据后尽早开始进行系统高层次的FMECA,当获得更多资料后,再将分析的工作扩展到低层次的部件。

2) 运行阶段 FMECA

将 FMECA 技术应用于运行维修阶段称为运行阶段 FMECA。运行阶段

FMECA 是设备在运行维修阶段时,以丰富的运行经验和故障历史作为基础,利用 FMECA 技术分析出现的故障模式及其影响程度,找出每一种故障模式发生原因与发生概率,寻求各种可能的方法以避免故障模式发生或降低其发生率,减低其影响程度。由于运行阶段设备有丰富的运行经验和故障历史数据作为基础,可以使研究的部件和故障模式更有针对性,更易于发现设备的薄弱环节和危害性较大的环节,为设备的运行和维修提出意见。

设计阶段和运行阶段的 FMECA 主要有以下三点区别。

(1) 故障模式。设计阶段的 FMECA 分析研究的是设备所有可能发生的故障模式,而运行维修阶段关注的是对运行和维修有直接影响,对整个系统,尤其是系统安全性影响较大的故障模式。在设计阶段,需要考虑所有可能出现的故障模式;在运行维修阶段,运行策略和维修策略是重点关注的对象,仅仅关注对其有直接影响的部分故障模式。

(2) 故障概率。在设计阶段,没有相关的历史故障数据作为支撑,FMECA 研究的故障概率为某零件发生某种形式故障的概率占系统发生故障的概率的比例,由此判定故障发生概率的大小。而针对某一具体系统的运行维修阶段的 FMECA 有庞大的故障数据和运行数据作为支撑,研究的故障概率是某一段时间某种故障可能出现的次数。

(3) 分析结果。设计阶段 FMECA 的分析结果是找到易发和危害性大的故障模式,采取措施改进设计;运行维修阶段的 FMECA 分析则是改变运行策略和维检修策略,避免故障的发生。

4.1.4 燃气轮机 RCM 分析中的 FMECA 方法

FMECA 的常用分析方法有功能法和部件法[15]。功能法是将输出的功能逐一列出,然后对每个功能的故障模式、原因、影响及危害性进行分析;部件法是根据产品的设计图及其他工程设计资料对组成产品的每个部件的故障模式、原因、影响及危害性进行分析。功能法是以功能的丧失为研究对象,判断简洁,可操作性强;而部件法是以一个具体的部件为研究对象,方便开展运行和维修相关的工作。

基于对燃气轮机进行 FMECA 分析的目的,将功能法和部件法两种方法进行了综合,我们提出了采用一种故障模式分析的分层 FMECA 分析方法,首先根据系统需要实现的几个主要功能,将整个系统划分为若干子系统,每个子系统内又包含若干部件。这样每个子系统内任一部件发生故障,代表该子系统对应的功能丧失或部分丧失。接着,对每个子系统内的部件进行部件法的 FMECA 分析。具体步骤如图 4-1 所示。

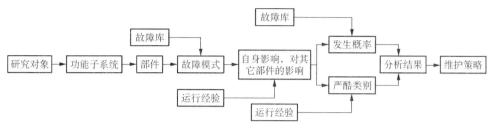

图 4 - 1　运行维修阶段 FMECA 流程

　　整个 FMECA 的分析过程是首先对要分析的燃气轮机进行子系统的划分,如划分为空气系统、燃料气系统、滑油系统等,然后针对每个子系统进一步划分成实际中可维护的部件,针对每个可维护部件列出可能出现的故障模式,最后针对每种可能出现的故障模式进行分析,包括失效概率的分析,各类后果等级的分析,相应故障类型风险等级的确定。确定故障模式的失效概率、各类后果等级进而确定相应故障类型的风险等级是为了确定出高风险等级的故障模式,从而要求对该类故障模式进行重点的关注并确定出合适的维修策略。

　　根据流程图中介绍的方法,针对每一个系统,按照表 4 - 1 中的项目填入部件、故障模式等进行分析。

表 4 - 1　FMECA 采用的表头

子系统名称	部件名称	故障模式	故障原因	自身影响	对其他部件影响	发生概率	安全风险	环境风险	运行成本	后续成本	总体风险	故障后果类型

　　1)故障模式

　　故障模式是指故障的状态或形式,其中可能的故障模式包括:

　　(1)同样运行环境下在同样或类似设备上已经发生的事件。

　　(2)在现有的维护体制下,正在预防的故障事件。

　　(3)还没有发生但是被怀疑有极大可能发生的故障事件。

　　2)故障模式影响分析

　　故障模式的影响是描述每一种故障发生后所产生的影响。这些描述包含所有以下用于支持故障后果评价的信息:

　　(1)能够用于证明故障已经发生的证据。

　　(2)影响安全与环境的方式。

　　(3)影响生产和运行的方式。

（4）故障引起的物理损坏。

（5）要修复故障必须采取的措施。

故障模式的影响分为两类：对自身的影响以及对其他部件的影响。故障模式影响的确定是在故障模式的基础上，确定失效对设备局部以及对系统整体的影响。识别出哪种失效模式会造成功能性的失效，对功能性的失效则要进行失效模式影响分析及风险分析。失效影响要考虑到设备的冗余、维修的时间和重新投入使用的时间，以及故障发生对安全、环境、生产运行和后续成本的影响。

3）风险分析

对每一种故障模式，需要进行风险分析；风险定义为故障概率和失效后果的乘积。

$$风险 = 故障概率 × 失效后果$$

对每一种故障模式，确定其发生概率，并根据其影响确定故障后果。主要评估以下几个方面的风险：

（1）安全风险。

（2）环境风险。

（3）生产运行风险。

（4）后续成本风险。

对中高风险的失效模式分析其失效原因和根本原因，建立针对性地降低风险等级的维护策略。对低风险的项目也应确定相应的维护策略。

4.1.5　燃气轮机 RCM 中的 FMECA 应用举例

燃气轮机系统是一个由许多机构以及子系统组成的复杂系统，如燃料气子系统、滑油子系统、起动子系统、进气子系统等。在对燃气轮机进行 FMECA 分析的过程中，首先划分出燃气轮机的可维护部件，进而分析出部件的故障模式，在此基础上确定每一种故障模式会造成的故障影响或后果以及相应的风险大小。

4.1.5.1　风险准则划分

在分析的过程中，主要考虑了以下 5 个方面的内容：

（1）故障模式的失效概率。

（2）故障模式造成的安全风险。

（3）故障模式造成的环境风险。

（4）故障模式造成的运行成本损失。

（5）故障模式造成的后续维护成本。

在 RCM 的分析中,风险准则转化成为更适合于不同种类风险的风险矩阵格式。风险矩阵的 Y 轴表示失效概率,失效概率为量化的评估值;风险矩阵的 X 轴表示失效后果,建议在矩阵中的失效概率和失效后果采用 5 个等级,即采用国际通用的 5×5 的风险矩阵。

在分析时,需要为每个故障模式确定相应的风险等级,应用风险等级进行决策并最终得到最佳、优化的维护活动。在此,将风险等级划分成高、中、低三个等级。风险等级标志如表 4-2 所示。

表 4-2 风险等级划分

I	low risk 低风险
II	medium risk 中风险
III	high risk 高风险

按照由矩阵定义的风险等级准则进行评估,需要对中高风险的部件重新进行维修策略的制订以降低这些部件的风险等级。在评价后果时,原则上应考虑最恶劣的情况以及最恶劣后果和失效概率组成的风险矩阵。

4.1.5.2 风险准则的制订

针对燃气轮机 RCM 中的 FMECA 方法,对其风险准则的定义包括失效概率等级、安全风险后果等级、环境风险后果等级、运行成本后果等级、后续成本后果等级 5 个方面。当需要不同的风险准则时,可以根据具体的情况对风险准则进行相应的修改。

(1) 失效概率等级划分如表 4-3 所示。

表 4-3 失效概率等级

发生概率	描述	指 标
A	极少发生	≤0.1 次/年
B	很少发生	0.1~1 次/年
C	偶尔发生	1~5 次/年
D	有时发生	5~8 次/年
E	经常发生	>8 次/年

(2) 失效后果包括安全风险后果、环境风险后果、运行成本后果、后续成本后果四类。

① 安全风险后果等级,如表 4-4 所示。

表 4-4　安全风险后果等级

后果等级	描述	指　标
1	轻微影响	不足以造成人员有较重的受伤,不影响正常工作
2	较轻影响	使人员有轻微受伤,短时间内影响工作,短时间内即可康复
3	较重影响	导致人员较重的受伤,长期的影响工作,但是可康复
4	严重影响	造成人员严重的受伤且会带来不可康复的健康损失
5	致命影响	造成人员死亡

② 环境风险后果等级,如表 4-5 所示。

表 4-5　环境风险后果等级

后果等级	描述	指　标
1	轻微影响	在系统中基本上没有环境破坏,没有经济后果
2	较轻影响	较轻的环境破坏,但仍在设备模块中,有较轻的经济后果
3	局部影响	对环境的破坏超出设备模块,但在系统中,有一定的经济后果
4	较大影响	对环境的破坏超出系统的范围,但在机组中,有一定的经济后果
5	重大影响	对整个机组及附近的环境有一定的破坏,有较大的经济损失

③ 运行成本后果等级。考虑运行后果的目标是要尽可能地将压气站的重大危险事件导致的停产损失降到最低。可依照压气站的生产实际情况,以每次最长的停车时间作为划分的标准,运行成本后果等级划分如表 4-6 所示。

表 4-6　运行成本后果等级

后果等级	描述	指标
1	轻微影响	≤1 h
2	较轻影响	≤2 h
3	局部影响	≤3 h
4	较大影响	≤4 h
5	重大影响	>4 h

④ 后续成本后果等级。除了由于业务中断造成的运行成本损失风险外,后续成本风险与仅在资产失效发生时设备/资产的受损成本以及相关设备的受损成本,后续成本后果等级如表 4-7 所示。

表 4-7　后续成本后果等级

后果等级	描述	指标
1	轻微影响	RMB<10 000 元
2	较轻影响	RMB 10 000—100 000 元
3	局部影响	RMB 100 000—500 000 元
4	较大影响	RMB 500 000—1 000 000 元
5	重大影响	RMB ≥1 000 000 元

4.1.5.3　风险矩阵确定

按照上小节确定风险准则等级,与失效后果的种类相对应,确定为四类风险矩阵,即安全、环境、运行成本、后续成本的风险矩阵。

（1）安全风险矩阵（见表 4-8）。

表 4-8　安全风险矩阵

发生概率/(次/年)		严酷度等级				
		轻微影响	较轻影响	较重影响	严重影响	致命影响
		1	2	3	4	5
≤0.1	A	I	I	I	I	II
0.1~1	B	I	I	I	II	II
1~5	C	I	I	II	II	III
5~8	D	I	II	II	III	III
>8	E	II	II	III	III	III

（2）环境风险矩阵（见表 4-4）。

表 4-9　环境风险矩阵

发生概率/(次/年)		严酷度等级				
		轻微影响	较轻影响	局部影响	较大影响	重大影响
		1	2	3	4	5
≤0.1	A	I	I	I	I	II
0.1~1	B	I	I	I	II	II
1~5	C	I	I	II	II	II
5~8	D	I	II	II	II	III
>8	E	II	II	II	III	III

（3）运行成本风险矩阵（见表 4 - 10）。

表 4 - 10　运行成本风险矩阵

发生概率/(次/年)		严酷度等级				
		轻微影响	较轻影响	局部影响	较大影响	重大影响
		1	2	3	4	5
≤0.1	A	I	I	I	I	II
0.1~1	B	I	I	I	II	II
1~5	C	I	I	II	II	II
5~8	D	I	II	II	II	III
>8	E	II	II	II	III	III

（4）后续成本风险矩阵（见表 4 - 11）。

表 4 - 11　后续成本风险矩阵

发生概率/(次/年)		严酷度等级				
		≤0.01 mil	0.01—0.1 mil	0.1—0.5 mil	0.5—1 mil	≥1 mil
		1	2	3	4	5
≤0.1	A	I	I	I	I	II
0.1~1	B	I	I	I	II	II
1~5	C	I	I	II	II	II
5~8	D	I	II	II	II	III
>8	E	II	II	II	III	III

将故障模式参照其失效后果等级以及失效发生概率等级标在矩阵的相应位置，这样绘制的矩阵图可以表明失效模式的危害性分布情况，分布点沿着对角线方向距离原点越远，其危害性越大。

4.2　RCM 逻辑决断方法研究

4.2.1　逻辑决断原理

RCM 逻辑决断图从本质上来讲，是通过回答图中给出的一系列的问题来判断出技术上可行并且有效果的维修方式。当无法判断且给出行之有效的维修方式时,则必须考虑暂定的措施或更改设计,其中包括更新设备、改变系统设计等,在设备维修过程中,应当对设备的每个重要功能的每一种故障模式以及故障后果都进行 RCM 逻辑决断图的逻辑决断[16, 17]。

首先判断该故障原因导致的故障后果,在此基础上根据适用性和有效性判据确定具体的维修工作类型及维修周期。选取维修任务时,不仅考虑维修任务在技术上是否可行,而且考虑实施成本是否经济或者实施后故障风险是否降低到可接受的水平。无论技术问题或者经济/风险问题,只要其中任何一个问题的答案是否定的,就必须放弃该任务而按顺序转向下一次任务判断,直到所有的问题都是肯定回答而选择该任务或者直到纠正性维修或改进[18]。对于后果类型为生产性后果和非生产性后果的故障模式,选取维修任务时要考虑实施成本的经济性。其中生产性后果的故障模式要考虑的是所选取任务的维修成本与该故障所带来的生产损失及故障处理费用之和的比较;非生产性后果则要比较维修成本与故障处理费用。对于安全/环保性后果和隐蔽性后果,除所选任务的技术可行性外,考虑的是所选择的维修任务能否使得该故障发生的概率降低到预先设定的风险概率以下(这通常受到法律、法规的限制)。

当设备的故障模式与故障原因确定后,就要对每一个故障原因按 RCM 逻辑决断进行分析决断。由 RCM 决断分析中已确定的定时维修和定时更换的设备和维修项目,应对定时的工作周期进行确定。对隐患检测和状态检修的工作周期也应进行确定,确定的基本方法是根据资料、数据,进行统计分析和计算而求得。通过决断图的分析,还应当对设备的维修级别进行确定,从而明确维修的具体内容与要求,为编制现场维修作业指导书提供准确的维修工作计划。

通过 RCM 逻辑图对维修任务的选取顺序揭示了 RCM 的内在思想是以可靠性为中心。通常情况下,非侵入性的维修活动对于一个稳定系统运行的干扰最小,因此状态监测任务置于任务选取列的最前面。只有当状态监测任务在技术上不可行(含不知是否可行)或者与纠正性维修相比不经济(或不能减少故障概率到一个预先确定的可忍受的程度)时,才会继续寻求其他维修任务。同样,当定期维修和定期更换任务均可行时,RCM 优先选择定期维修,以避免一个全新的没有经过系统运行考验的备件/设备因为质量、材料等不确定因素带来的其他故障模式而引起早期失效。

如果这三种预防性措施都不可行,则 RCM 最后的选择是定期试验(仅针对隐蔽性故障)、纠正性维修(不包括安全/环保性后果)和改进。把定期试验的选择顺序排在状态监测、定期维修、定期更换的后面,是因为从保护设备失效到发现保护设备失效之间总有一段时间,尽管这段时间内被保护设备故障的累计风险很低,但仍存在多重失效的可能性。而之前的三种任务却是预防性的,在保护设备失效之前就采取行动使保护功能恢复,从而完全消除了多重失效带来的影响和后果。在减少和消除维修任务的选择中,RCM倾向于选择消除故障。在既可以选择纠正性维修又可以选择改进时,因为改进可能带来更多的不可预知的早期失效,RCM倾向于选择纠正性维修。那么为什么无法确定设备是否有寿命或者无法知道设备的寿命是多长时,RCM最终会选择纠正性维修,而不是猜测一个保守的寿命去执行定期维修或定期更换呢?根据RCM6种故障类型曲线中与时间相关的故障模式只占全部故障模式的11%左右,因此在无法确定一个故障模式是否与时间相关时,则假定它与时间相关是不保守的[19-22]。

4.2.2 逻辑决断过程

4.2.2.1 RCM逻辑决断任务

进行RCM逻辑决断的目的是针对可维护部件的每一种故障,为了尽可能地消除或者减小故障发生所带来的各种损失,根据FMECA方法分析每一种故障模式的影响,通过逻辑决断的方法制订相应的维修策略,从而采取最佳的防范故障发生的维修方式和措施[23,24]。因此,RCM逻辑决断的任务包括以下几个内容:

(1)通过故障模式分析,确定给定设备的关键元件。

(2)每个关键元件进行RCM逻辑判断,选择优化的维修方法,确定是否需要重新设计或改进。

(3)确定维修任务、设备和周期,建立维修分析所需数据。

(4)利用可获得的实际设备的可靠性、维修性等数据,对维修过程进行优化。

4.2.2.2 RCM逻辑决断过程

根据生产实际,主要的维修方式包括状态监测、定期维修、定期更换、综合维修、定期试验、纠正性维修和改进。维修方式的确定主要是根据故障后果类型和故障本身的特性两个方面来确定[25-27],下面针对这两个方面分别详细分析。

(1)故障后果类型。故障后果类型分为隐蔽性后果、安全性后果、环境性后果、使用性后果和非使用性后果。根据FMECA中故障模式的影响,分析故障后果类型的流程如图4-2所示。

(2)故障本身的特点。确定维修工作的类型时,在考虑故障后果类型的同时也需考虑故障本身的特点。从图4-2中可看出对于预防维修费用大于故障维修的使用性后果故障,可以采用状态监测的维修方式;对于隐蔽性后果故障,可以采用隐患检测、定时报废或更改设计的维修方式;对于其他类型的故障模式则可采取视情维修、定时拆修和定时报废等维修方式。确定维修工作类型的工作流程如图4-3所示。

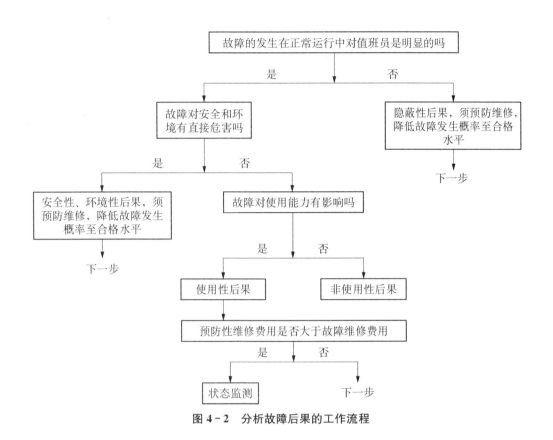

图 4－2　分析故障后果的工作流程

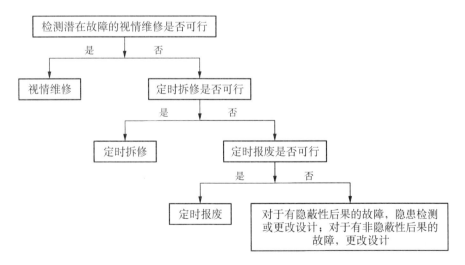

图 4－3　确定维修工作类型的工作流程

4.2.3 逻辑决断图

维修方式的逻辑决策模型是一种定性分析并决策设备维修方式的方法,是为了制订每种故障模式相应的维修策略,从而采取最佳的防范故障发生的维修方式和措施。基于以上的思想以及 RCM 逻辑决断原理,现引入以下几种的维修方式逻辑决断图,以供读者参考。

4.2.3.1 逻辑决断图 A

该逻辑决断图在进行 RCM 逻辑决断时,首先根据故障模式的影响把故障后果类型分为 5 类:隐蔽性故障后果、安全性故障后果、环保性故障后果、生产性故障后果和非生产性故障后果。在使用逻辑图时,首先根据故障影响的描述判断该故障模式是否属于隐蔽性后果,即回答逻辑图中第一个问题"在正常运行中,运行人员是否能观察到故障所引起的功能丧失?"。如果回答是否定的,则判定为隐蔽性故障,按照逻辑图的转向控制进入隐蔽性故障后果的任务选取。如果回答是肯定的,则不是隐蔽性故障后果,而要根据逻辑图进一步判断该故障是否属于安全和环保性后果(这两种后果的任务选取相同)。同样根据对于问题的回答,决定是进入任务选取或继续判断故障后果。依此类推,直到确定该故障模式的后果类型到达维修任务选取列的入口,然后选取相应的维修任务。

基于以上的逻辑决断思想,相应的逻辑决断如图 4-4 所示。

从逻辑决断图 4-4 可看出,全部的维修任务类型包括状态监测、定期维修、定期更换、综合维修、定期试验、纠正性维修和改进。但任何特定的故障模式所能选取的任务则是受其故障后果分类的限制。如前所述,对于后果类型为安全性后果和环保性后果的故障模式,其维修任务选取列的入口是相同的,也即它们可以选择的任务类型是相同的,按照次序分别是状态监测、定期维修、定期更换、综合维修以及改进。对应于生产性后果和非生产性后果的故障模式,其任务选取列的入口并不相同,但它们可以选取的维修任务的类型是相同的,仅经济性评价的比较基准不同,依次是状态监测、定期维修、定期更换、纠正性维修和改进。而隐蔽性后果的故障模式可选取的维修任务类型依次是状态监测、定期维修、定期更换、定期试验,之后根据是否影响安全或环保决定可否实施纠正性维修、改进或者只能改进。由此可知,综合维修是安全和环保性后果独有的任务类型,并且对于导致这类后果的故障模式不能实施纠正性维修。对于隐蔽性后果的故障模式可以选择定期试验这个特有的任务类型,并且在之前的任务都不适合后必须重新判断是否影响安全或环保,以避免对影响安全或环保的故障模式实施纠正性维修。

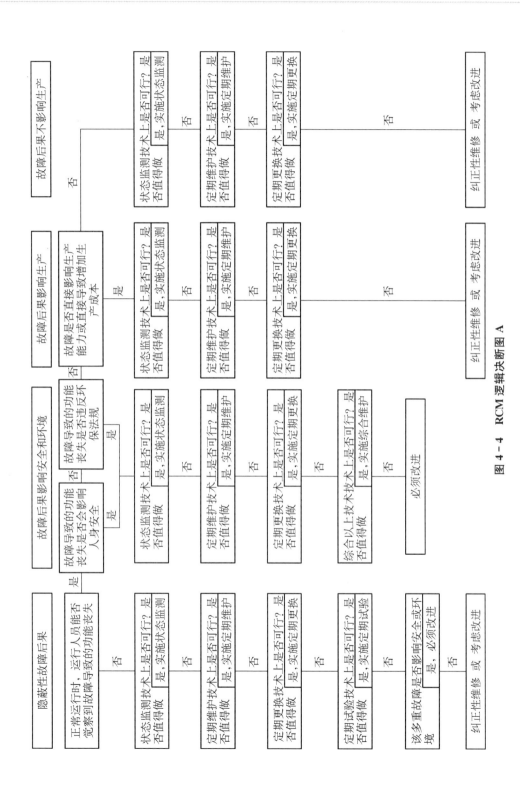

图 4 - 4　RCM 逻辑决断图 A

4.2.3.2　逻辑决断图 B

该种逻辑决断方法首要考虑了发生故障的部件是否为重要功能设备,然后在基于对部件故障模式和故障原因的调查分析基础上,综合考虑设备对于系统整体运行的重要度以及设备故障的风险是否可以接受;其次是考虑维修方式的可行性,从而最终决定针对每种故障模式所应采取的具体的维修方式[19, 28]。基于这种思想,所采用的逻辑决断如图 4-5 所示。

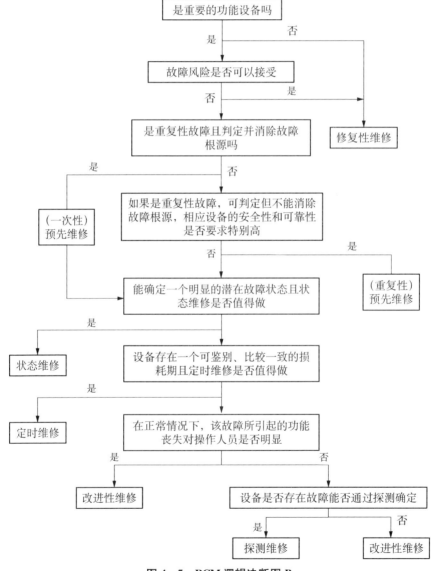

图 4-5　RCM 逻辑决断图 B

从图 4-5 中可以看出,该逻辑决断图进行维修策略的逻辑判断包括以下几个方面[28]:

(1)对于不是重要功能的部件或者一些重要功能部件但其故障风险在可接受范围内的,由于这些部件故障对系统的整体运行过程影响不大,采用事后维修也就是修复性维修的策略更为经济合理。

(2)对于重要功能设备,如果其故障的风险不可接受,除了在故障突然发生的情况外,都应该积极地对设备故障进行有效的预防,而对于具体采用哪种预防方式,则要考虑设备的故障特征以及故障后果、经济效益以及技术可行性。首选的维修方式是预防性维修,其次是视情维修。如果找不到一种适用且有效的预防方式,可以考虑采用探测维修以便预防连续故障。

(3)对于故障风险不可接受的重要功能设备,在技术条件允许的情况下,首先选择采用视情维修策略,如果技术条件不允许,也要采取预防性维修。如果不能通过上述维修方式预防故障,则有必要采用改进性维修。

4.2.3.3　逻辑决断图 C

该种逻辑决断方法针对每一种故障模式的等级和故障本身的特性来为其制订合理的维修方式,即首先确定故障的等级,然后根据确定的故障等级和故障本身的特性,确定相应的维修策略[29]。

1)故障等级划分

在对故障等级进行分析时,首先将故障模式的影响按照安全性影响、环境性影响、经济性影响和任务性影响 4 种类型进行划分,然后将故障模式划分为高、中、低三个等级。基于这种思想,故障等级的逻辑决断如图 4-6 所示。

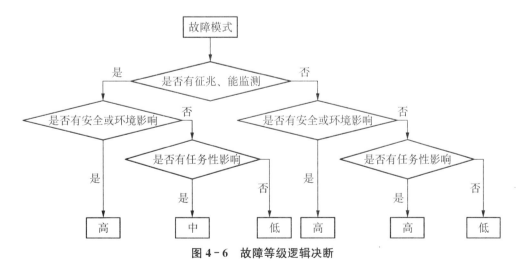

图 4-6　故障等级逻辑决断

对于图中的安全性影响、环境性影响、经济性影响和任务性影响 4 类影响定义如下[29]：

（1）安全性影响：指故障的发生会直接或间接地引发对生产安全性有直接影响，主要包括人身安全影响和设备安全影响。

（2）环境性影响：指故障的发生会直接或间接地引发对生产环境和社会环境等的影响。

（3）经济性影响：指故障的发生会影响直接影响生产的进行、产品的质量和生产的效率等从而带来的经济损失。

（4）任务性影响：指故障的发生会影响正常的生产秩序，从而直接或间接地影响对生产任务或负荷任务的完成。

2）维修方式的决断

对故障模式等级的划分是为了确定维修任务的重要性，对于故障模式等级越高的部件，进行部件维修的重视程度也越高，应采取积极主动的维修措施，以实时监测和状态维修方式为主；对于中等等级的故障模式，则多以定期的预防性维修等方式为主；对于低等等级的故障，进行维修策略的决策主要考虑其经济性，可采取故障维修或直接定期更换为主的传统维修方式。基于这一思想，其逻辑决断如图 4-7 所示。

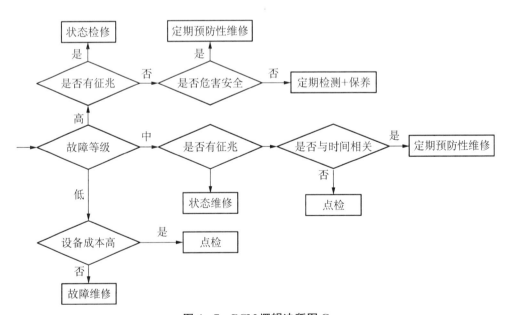

图 4-7 RCM 逻辑决断图 C

4.2.4　RCM 逻辑决断的优化

4.2.4.1　优化的逻辑决断图

逻辑决断图是 RCM 分析过程中的重要工具,对 4.2.3 节中提供的逻辑决断图进行分析,我们认为存在以下局限性:

(1) 对逻辑决断图 A 的分析。在不同故障后果的维修策略逻辑决断中存在大量重复的维修策略;在进行维修策略的决断时仅仅考虑了技术上是否可行,并没有考虑不同维修策略之间的成本比较。

(2) 对逻辑决断图 B 的分析。将故障造成的丧失的功能重要程度放在了首位,对维修方式的逻辑决断是基于设备对于系统整体运行的重要度以及设备故障的风险是否可以接受,并没有考虑维修方式的经济性,也没有考虑故障后果的影响。

(3) 对逻辑决断图 C 的分析。将故障后果按照高、中、低的等级来划分,对故障后果类型的划分做了简化;在经济性方面,没有考虑维修策略的经济性。

针对上述逻辑决断图的不足,从部件的故障后果分析和故障模式的特征两个方面综合考虑,提出了改进的维修方式逻辑分析模型[30],其 RCM 逻辑决断如图 4-8 所示。

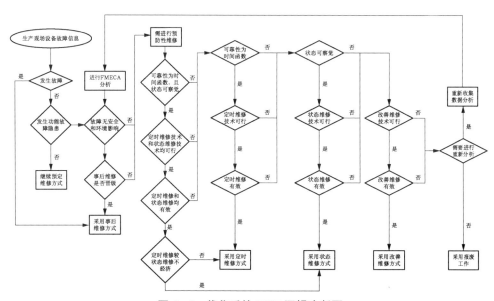

图 4-8　优化后的 RCM 逻辑决断图

由图 4-8 可知,采用的故障模式维修方式包括事后维修、定时维修、状态维修和改善维修。进行维修策略的逻辑决断主要包括以下几个方面[30]:

（1）事后维修与预防维修。对于发生的故障并没有造成安全性影响以及过大的环境影响，并且事后维修的方式与之相比是较为经济的维修方式，则采用事后维修，否则需采用预防维修。

（2）定时维修与状态维修。当采用预防性维修时，如果状态维修和定时维修两种维修方式均在技术上均可行，则从两者中选取经济性更好的维修方式。

（3）改善维修。当采用预防性维修时，如果定时维修与状态维修在技术上均不可行，而改善维修在技术上是可行的，则可采用改善维修的维修策略；如果以上的维修策略均不可行，则需重新收集资料进行决策分析或采用报废工作。

4.2.4.2　优化的逻辑决断图优点

优化的逻辑决断图与 4.2.3 节中的逻辑决断图的区别主要表现在以下几个方面[30]：

（1）在逻辑决断流程方面。改进的逻辑决策模型首先判断是否适合进行事后维修，否则需进行预防维修，包括定时维修、状态维修和改善维修。在进行具体预防维修策略的逻辑决断时首先将故障模式的安全性和环境性以及经济性影响后果作为其共同的判定条件，避免了在不同故障后果的维修策略逻辑决断中存在大量重复的维修策略；然后再根据定时维修、状态维修和改善维修这些具体预防维修技术的可行性和有效性进行预防维修方式的选择。这种维护方式逻辑决断方式的改变，既保证了以可靠性为中心的维修方式选择原则，又避免了传统模型中逻辑决断图的大量重复。

（2）在经济性保证方面。改进的逻辑决策模型针对多个预防维修方式技术均可行的情况，对其进行经济性的比较。在传统的维修逻辑决策模型中，只考虑了预防性维修方式与事后维修方式之间成本的比较，没有考虑在技术可行性都满足要求的条件下不同预防维修方式之间的成本比较；然而不同维修方式之间的经济性效果差异不仅存在于预防维修和事后维修之间，在预防维修之间也同样存在。因此在进行维修方式选择时，不但要考虑预防维修成本与事后维修成本的比较，而且还要考虑不同的维修任务之间维护成本的不同，进而从中选择出最经济的维修方式，充分地体现了维修方式决策的经济优化思想。

（3）改进的逻辑决策模型增加了随机故障的维修方式选择判定模块，提高了维修方式管理的适用性。在实际的生产过程中，任何预定的维修方式都不可能完全杜绝维修对象随机故障的发生，对于这种随机出现的故障，也同样存在一个维修方式的匹配选择过程。

（4）增加了重新搜集数据分析过程。对于找不到预定维修方式的状况，其原因除现有维修理论和技术条件限制外，也有可能是搜集的数据不够充分或分析过程有误。因此对于这种情况，在必要的情况下应重新搜集数据再次进行分析。

4.3　燃气轮机模块化建模

在对燃气轮机实施 RCM 维护体系时,需要燃气轮机性能仿真模型解决以下问题:

(1)已知测量参数的情况下分析部件的性能、系统的性能。

(2)基于模型的气路故障诊断。

(3)分析部件的维护方式对系统性能产生的影响,用于维护建模。

本文选用模块化建模的方式建立了燃气轮机性能仿真模型。

4.3.1　模块化建模理论

热力系统中系统的结构和工质的流动过程复杂多变,但是无论系统如何多变,结构多复杂,总可以归类到由少数几个典型的部件所组成。部件中都遵循质量守恒、能量守恒、动量守恒等基本定理,并且工质的状态参数满足工质热物性的函数。因此可以对系统中的典型部件进行机理建模,并且将模型的内部参数进行封装,从而有利于使用者修改相关的特性参数。实际使用时,通过将不同的模块加以组合便能够实现不同的仿真建模目的,从而大大提高工作效率。这就是面向对象的模块化建模思想。

其次,由于模块的开发有统一的设计标准,有利于模块的重复使用,从而避免了重复劳动;最后,有利于节省开发人员的时间,从而使得相关工作人员将工作的精力用于新模块的开发。具体模块化建模过程中,一般要采用如下几个方法进行建模:首先是要对所研究的热力系统进行适当的分解,要求模块能够完成独立的物理功能,具有数学独立性;同时还要使模块与外界数据通信有明确的一致性。其次,建立模块库,包括一个工质物性库,从而便于模型运行过程中调用。最后,建立友好的用户数据交互界面,有助于修改模块特性参数,从而方便使用[31,32]。

对于燃气轮机的模块化建模,按照以下步骤进行分解建模。首先分析系统,按照系统的具体构成实体分解成为各对象;第二步定义每个对象的操作和功能;第三步确定各对象与对象之间的关联和需要交换的信息;第四步确定单个对象的接口;最后将各对象连接起来。

4.3.2　燃气轮机部件模块库开发

压气机、燃烧室和涡轮是燃气轮机的三大核心部件,对运行中的燃气轮机进行分析时,需要用到节流式流量测量仪表,常见的有 Annubar 流量计与孔板流量计。因此,本节将介绍以上 5 种模块的建模方法。

4.3.2.1 Annubar 流量计

计量气体质量流量的 Annubar 流量计的计算公式为

$$W = C' \sqrt{\Delta p} \tag{4-1}$$

$$C' = KD^2 Y_a F_{aa} \sqrt{\rho} \tag{4-2}$$

式中，D 为内径；ρ 为流体密度；F_{aa} 为热膨胀系数，用于修正温度造成的流量计处管子通流面积的变化。当不锈钢的流量计安装在碳钢管子上的时候，如果温度范围为 $0 \sim 41\,℃$，可以认为 $F_{aa} = 1$；K 为流动系数，与探针的结构有关，实际上是雷诺数的函数：

$$K = \frac{1 - C_2 B}{\sqrt{1 - C_1 (1 - C_2 B)^2}} \tag{4-3}$$

其中 C_1、C_2 由实验确定，如表 4-12 所示。

表 4-12 传感器流动系数表

系数	1	2	3
C_1	-1.515	-1.492	$-1.585\,6$
C_2	$1.422\,9$	$1.417\,9$	$1.331\,8$

具体选择哪一组参数，需要看雷诺数和探针的宽度满足的限制条件（见表 4-13）。

表 4-13 传感器形式选择表

传感器形式	探针宽度 d/cm	最小雷诺数
1	1.496 8	6 000
2	2.692 4	12 500
3	4.915	25 000

雷诺数的表示式为

$$Re = \frac{dv\rho}{12\mu} \tag{4-4}$$

式中，v 为流速，μ 为黏度。

结构参数如图 4-9 所示。

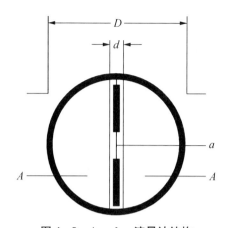

图 4-9　Annubar 流量计结构

a—Annubar 投影面积$=dD$；A—管道内部面积

Y_a 为膨胀系数，用来修正由速度变化引起的流体密度变化：

$$Y_a = 1 - (Y_1(1-B)^2 - Y_2)\frac{\Delta p}{\rho\gamma} \tag{4-5}$$

式中，$B=a/A$；Y_1、Y_2 为由流量计尺寸决定的常数。

4.3.2.2　孔板流量计

以天然气为例，天然气质量流量计算基本公式为

$$q_{\mathrm{m}} = \frac{C}{\sqrt{1-\beta^4}}\varepsilon\frac{\pi}{4}d^2\sqrt{2\Delta p\rho_1} \tag{4-6}$$

式中各量分述如下：

（1）C 为流出系数。

（2）可膨胀性系数 ε 的计算公式为

$$\varepsilon = 1 - (0.351 + 0.256\beta^4 + 0.93\beta^8)\left[1 - \left(\frac{p_2}{p_1}\right)^{\frac{1}{\kappa}}\right] \tag{4-7}$$

式（4-7）中，β 为孔径比；p_1，p_2 分别为孔板上游、下游气流的绝对静压；κ 为等熵指数。

（3）孔板开孔直径 d 值按下式计算：

$$d = d_{20}[1 + A_{\mathrm{d}}(t_1 - t_{20})] \tag{4-8}$$

式（4-8）中，d_{20} 为孔板开孔在 $20℃\pm2℃$ 条件下的检测直径；A_{d} 为孔板材料的线膨胀系数；t_1 为天然气流过节流装置时实测的气流温度；t_{20} 为检测时恒温室温度，其值为 $20℃\pm2℃$。

（4）ρ_1 为天然气在操作条件下上游取压孔处的密度，可通过计算或实测得出

（单位为 kg/m³）：

$$\rho_1 = \frac{M_a Z_n G_r p_1}{R Z_a Z_1 T_1} \quad\quad\quad (4-9)$$

式(4-9)中，M_a 为干空气的摩尔质量，数值为 28.962 6 kg/kmol；R 为摩尔气体常量，其值为 8.31 J/(mol·k)；Z_a 为干空气在标准参比条件下的压缩因子，其值为 0.999 63；Z_n 为天然气在标准参比条件下的压缩因子；p_1 为天然气在操作条件下上游侧取压孔的绝对压力，单位为 MPa；T_1 为天然气在操作条件下的气流温度，单位为 K；Z_1 为天然气在操作条件下的压缩因子；G_r 为天然气的真实相对密度。

4.3.2.3 压气机

压气机是组成燃气轮机装置的三大部件之一，起到提升入口气体压力的作用，同时也是一个非线性很强的部件。若对象燃气轮机有高、低压两个压气机，其结构形式基本相似，但其中参数有所不同，在模块化建模过程中，模型结构也基本相似，只需修改部分参数设置即可得到两个压气机的模型，这也显示了模块化建模通用性和节省大量时间精力的优点。

压气机中主要的质量守恒和能量守恒关系如下：

$$\pi = \frac{p_2}{p_1} \quad\quad\quad (4-10)$$

$$G_1 = G_2 \qu\quad\quad\quad (4-11)$$

$$\Delta h^0 = h_2^0 - h_1 \qu\quad\quad\quad (4-12)$$

$$\Delta h = h_2 - h_1 \qu\quad\quad\quad (4-13)$$

式中，1 表示入口参数；2 表示出口参数；h_2^0 表示等熵压缩下的出口焓。等熵效率定义如下：

$$\eta_s = \frac{\Delta h^0}{\Delta h} \qu\quad\quad\quad (4-14)$$

$$s_1 = s[p_2, \ h_1 + \eta_s(h_2 - h_1)] \qu\quad\quad\quad (4-15)$$

$s(p, h)$ 为通过压力和焓计算熵的函数，将实际压缩与理想压缩中熵的关系建立起来。

根据相似理论，压气机的工作特性可以用压比 π_C、折合转速 $\dfrac{n}{\sqrt{T}}$、折合流量 $\dfrac{G\sqrt{T}}{p}$ 和效率 η_C 4 个参数的关系来表示。只要确定其中任意两个参数，压气机就有一个完全确定的工作状态，就可以求得其余两个参数的值。实际应用中，通过对压气机的特性曲线进行线性插值求出相对应的折合流量和效率[33]。在实际工作中

压比 π 及转速 n 决定了折合流量 $G\sqrt{T}/p$、效率 η_s，即所谓的压气机特性曲线：

$$\frac{G\sqrt{T}}{p} = f_{c1}(\pi,\ n/\sqrt{T}) \tag{4-16}$$

$$\eta_s = f_{c2}(\pi,\ n/\sqrt{T}) \tag{4-17}$$

压气机耗功为

$$W_C = G_1(h_2 - h_1)/\eta_C \tag{4-18}$$

图 4 - 10、图 4 - 11 为某压气机的压比-折合流量与效率-折合流量特性曲线。

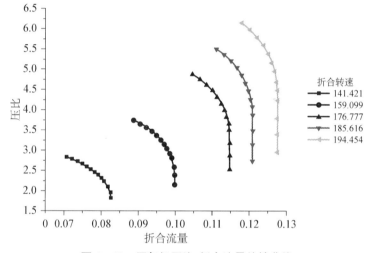

图 4 - 10　压气机压比-折合流量特性曲线

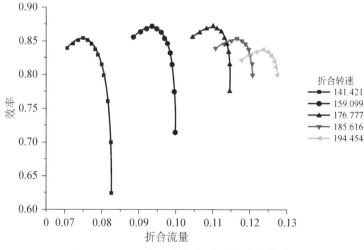

图 4 - 11　压气机效率-折合流量特性曲线

4.3.2.4 燃烧室

燃烧室是燃气轮机三大部件之一,高压压气机排出的高压空气与燃料混合后,在燃烧室内充分燃烧反应,形成高温燃气,进入高压涡轮中做功。燃烧室将燃料的化学能转换为燃气的热能,使工质的焓值升高,在涡轮中膨胀做功的能力增大。

假设燃料为天然气,完全燃烧,可以自由定义燃烧产物,但是烃类只能是 CH_4、C_2H_6、C_3H_8。

燃烧室内的质量守恒式为

$$G_{exgas, AR} = G_{air, AR} + G_{fuel, AR} \tag{4-19}$$

$$G_{exgas, C_2H_6} = 0 \tag{4-20}$$

$$G_{exgas, C_3H_8} = 0 \tag{4-21}$$

$$G_{exgas, CH_4} = 0 \tag{4-22}$$

$$G_{exgas, CO} = 0 \tag{4-23}$$

$$G_{exgas, CO_2} = G_{air, CO_2} + G_{fuel, CO_2} + G_{fuel, CH_4} \cdot \frac{44.009\,8}{16.042\,6} + G_{fuel, C_2H_6} \cdot \frac{2 \times 44.009\,8}{30.069\,4} +$$
$$G_{fuel, C_3H_8} \cdot \frac{3 \times 44.009\,8}{44.096\,2} + G_{fuel, CO} \cdot \frac{44.009\,8}{28.010\,4} \tag{4-24}$$

$$G_{exgas, H_2} = 0 \tag{4-25}$$

$$G_{exgas, H_2O} = G_{airl, H_2O} + G_{fuel, H_2O} + G_{fuel, H_2} \cdot \frac{18.015\,2}{2.015\,8} + G_{fuel, CH_4} \cdot \frac{2 \times 18.015\,2}{16.052\,6} +$$
$$G_{fuel, C_2H_6} \cdot \frac{3 \times 18.015\,2}{30.069\,4} + G_{fuel, C_3H_8} \cdot \frac{4 \times 18.015\,2}{44.096\,2} + G_{fuel, H_2S} \cdot \frac{18.015\,2}{34.075\,8} \tag{4-26}$$

$$G_{exgas, H_2S} = G_{fuel, S} \cdot \frac{34.075\,8}{32.06} \tag{4-27}$$

$$G_{exgas, N_2} = G_{airl, N_2} + G_{fuel, N_2} \tag{4-28}$$

$$G_{exgas, O_2} = G_{airl, O_2} + G_{fuel, O_2} - \left(G_{fuel, H_2} \cdot \frac{15.999\,4}{2.015\,8} + G_{fuel, CH_4} \cdot \frac{4 \times 15.999\,4}{16.052\,6} + \right.$$
$$G_{fuel, C_2H_6} \cdot \frac{7 \times 15.999\,4}{30.069\,4} + G_{fuel, C_3H_8} \cdot \frac{10 \times 15.999\,4}{44.096\,2} + G_{fuel, CO} \cdot \frac{15.999\,4}{28.010\,4} +$$
$$\left. G_{fuel, H_2S} \cdot \frac{3 \times 15.999\,4}{34.075\,8} \right) \tag{4-29}$$

$$G_{exgas, SO_2} = G_{airl, SO_2} + G_{fuel, SO_2} + G_{fuel, H_2S} \cdot \frac{64.0588}{34.0758} \qquad (4-30)$$

下标 exgas、air、fuel 分别代表烟气、空气、燃料。

能量平衡关系式为

$$(h_{fuel}^* + h_v)G_{fuel} + h_{air}^* = H_{exgas}^* + Q_{loss} \qquad (4-31)$$

式中，h^* 为燃料本身携带的热量；h_v 是燃料的热值；Q_{loss} 是燃烧室的热量损失。

定义燃烧室的效率如下：

$$\eta_C = \frac{Q_{loss}}{hhv \cdot G_{fuel}} \qquad (4-32)$$

4.3.2.5　涡轮

涡轮是燃气轮机做功部件，高压涡轮提供压气机所需轴功，动力涡轮提供被驱动设备（如天然气压缩机）所需的动力。

$$\pi = \frac{p_3}{p_4} \qquad (4-33)$$

$$G_3 = G_4 \qquad (4-34)$$

$$\Delta h^0 = h_3 - h_4^0 \qquad (4-35)$$

$$\Delta h = h_3 - h_4 \qquad (4-36)$$

式中，3 表示入口参数；4 表示出口参数；h_4^0 表示等熵压缩下的出口焓。等熵效率定义如下：

$$\eta_s = \frac{\Delta h}{\Delta h^0} \qquad (4-37)$$

$$s_3 = s[p_4, h_3 - (h_3 - h_4)/\eta_s] \qquad (4-38)$$

$s(p, h)$ 为通过压力和焓计算熵的函数，将实际压缩与理想压缩中熵的关系建立起来。

涡轮是燃气轮机装置三大部件之一，是工质膨胀做功的非线性部件，同压气机处理方法类似，根据相似理论，由涡轮膨胀比 π_T、折合转速 $\dfrac{n}{\sqrt{T}}$、折合流量 $\dfrac{G\sqrt{T}}{p}$ 和效率 η_T 这 4 个参数中任意两个参数即可确定涡轮工作的特性。一般可以通过其他模块得到涡轮膨胀比和转速，利用涡轮特性曲线[34, 35]，进行多元线性插值求得折合流量和效率，该过程的函数形式如下：

$$\begin{cases} \dfrac{G\sqrt{T}}{p} = f_{t1}(\pi,\ n/\sqrt{T}) \\[2mm] \eta_s = f_{t2}(\pi,\ n/\sqrt{T}) \end{cases} \qquad (4-39)$$

涡轮的输出功如下：

$$W_T = G_3\eta_m(h_3 - h_4) \qquad (4-40)$$

图 4-12、图 4-13 为某涡轮的膨胀比-折合流量与膨胀比-效率特性曲线。图中三条曲线分别对应不同的相对折合转速。

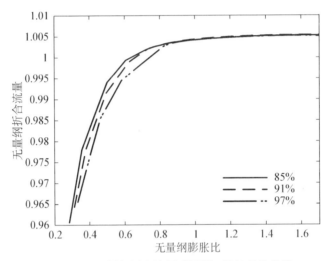

图 4-12 无量纲折合流量-膨胀比-转速特性曲线

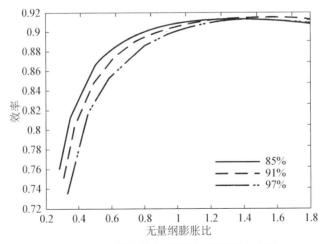

图 4-13 无量纲效率-膨胀比-转速特性曲线

4.3.3　系统模型建立及应用

完成模块库开发工作之后,就要搭建系统模型。建立系统模型主要有如下三件工作:

(1) 确定各模块之间的连接关系。

(2) 确定系统模型的已知参数与未知参数。

(3) 给若干未知参数赋初值,迭代求解至系统质量守恒、能量守恒。

在 IPSEPro 软件平台上搭建燃气轮机驱动压缩机组的模型,系统如图 4-14 所示。

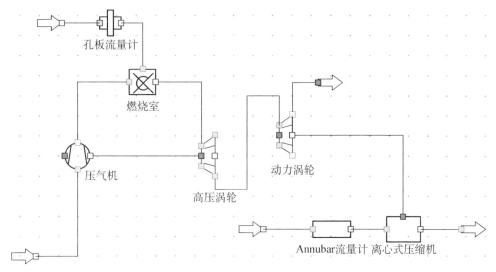

图 4-14　燃驱压缩机组系统

系统包括:孔板流量计,Annubar 流量计,压气机,燃烧室,离心式压缩机,高压涡轮和动力涡轮。其中孔板流量计用于测量燃料天然气的流量,Annubar 流量计用于测量离心式压缩机中天然气的流量。

接下来用系统模型在线分析该机组的性能。该机组的测量和模型计算出的参数如表 4-14 所示。

表 4-14　燃机模型测点与计算参数表

测点	计算参数	测点	计算参数
压气机入口温度	压气机效率	压气机排气压力	高压涡轮入口压力
压气机入口压力	压气机流量	压气机排气温度	高压涡轮入口温度

(续表)

测点	计算参数	测点	计算参数
孔板流量计差压	高压涡轮效率	动力涡轮排气温度	离心式压缩机流量
燃料压力	高压涡轮流量	Annubar 流量计差压	离心式压缩机效率
燃料温度	动力涡轮效率	天然气温度	离心式压缩机耗功
高压涡轮排气压力	动力涡轮流量	天然气压力	各部分流体组分
高压涡轮排气温度	天然气流量	离心式压缩机排气压力	机组热效率
动力涡轮排气压力	燃料消耗量	天然气组分	

具体来说,应用该模型可以实现以下功能:

(1)确定部件性能参数。例如,图 4-15 是一台压气机的效率随时间变化的曲线,其中压气机的效率由开发的模型计算获得,在 1 000 h 的时候对燃气发生器进行了水洗,发现压气机的效率由 85.5% 上升到 88.5%,有明显的改良。

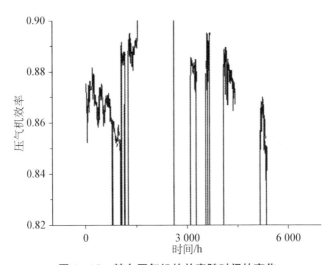

图 4-15 某台压气机的效率随时间的变化

(2)确定高压涡轮入口热参数、空气与燃气流量、机组热效率等不能测量的参数,进而可以开展寿命计算或性能分析。

(3)开展燃气轮机气路故障诊断,详见第 5 章。

4.4 RCM 维修决策模型

燃气轮机维修决策模型的功能是根据其运行状况和维修条件,提供合理的维修方式和维修时间。因此,其由维护方式决策模型和维护时间决策模型两部分构成。

4.4.1　RCM 维修方式决策模型

维修方式决策时根据燃机的可靠性、维修性、可监测性和经济性,合理地确定机维修方式,包括视情维修、定时维修和事后维修等,RCM 的维修思想首先对设备的故障及其后果进行分级分类,然后根据其结构特点有针对性地实行不同的维修方式。维修方式决策模型有两种:逻辑分析决策模型和模糊分析决策模型。

4.4.1.1　逻辑分析决策模型

逻辑分析决策模型主要从 5 个大的方面,即设备在生产中的重要性、机械系统故障特性、维修特性、备件供应状况和故障检测的难易程度,用逻辑分析法对机械系统的维修方式进行评判。逻辑分析决策模型实施比较简单,具体决策步骤参考 4.1 节与 4.2 节。

4.4.1.2　模糊分析决策模型

由于衡量系统及其零部件重要程度的指标具有模糊特性,且评价重要程度方面存在较多的影响因素,而影响因素之间在决策分析时存在权重问题,因此,采用模糊数学方法进行维修方式的决策符合实际情况,且能够获得较好的系统维修效果,其具体决策步骤如下[36]。

1) 评价项目的选择和处理

进行燃气轮机维修方式的决策时,通常从可靠性、维修性、经济性及可监测性几个方面考虑,每个方面又可分为若干评价属性(见表 4 - 15)[37]。

为确定系统隶属于某评价项目的隶属程度,引入(0, 1)区间模糊数加以评价,一般当隶属程度模糊数越接近于 1 时,则重要性越高;反之,重要性越低。从而每一评价属性都存在一个合适的评价模糊数,将其写成矩阵的形式即得评价项目模糊评价矩阵,即

$$\boldsymbol{R}_1 = \begin{vmatrix} r_{11} & r_{12} & \cdots & r_{1n} \\ r_{21} & r_{22} & \cdots & r_{2n} \\ \vdots & \vdots & \cdots & \vdots \\ r_{m1} & r_{m2} & \cdots & r_{mn} \end{vmatrix} \qquad (4-41)$$

式中,n 为待评价功能属性数;m 为每一个评价属性的评价内容数(见表 4 - 15),假设系统的可靠性项目的评价内容数为 6,维修性项目的评价内容数为 3,可监测性项目的评价内容数为 4,经济性项目的评价内容数为 4;r_{ij} 为系统评价属性内容 XM_i 之间的隶属关系值(见表 4 - 16)。

表 4 - 15 机械系统的项目评价

序号	性能项目	代号	序号	评价项目内容	代号
1	可靠性	XM_1	1	故障后的影响	XM_{11}
			2	系统的专用性	XM_{12}
			3	生产中的重要性	XM_{13}
			4	对安全性的影响	XM_{14}
			5	系统质量	XM_{15}
			6	对机械系统的影响	XM_{16}
2	维修性	XM_2	1	维修的难易程度	XM_{21}
			2	备件供应情况	XM_{22}
			3	维修时间长短	XM_{23}
3	可监测性	XM_3	1	监测系统数量	XM_{31}
			2	监测系统的可靠性	XM_{32}
			3	监测的技术要求	XM_{33}
			4	监测系统的可靠性	XM_{34}
4	经济性	XM_4	1	机械系统价格	XM_{41}
			2	停机损失费用	XM_{42}
			3	维修费用	XM_{43}
			4	定期预防性维修情况	XM_{44}
5	其他	XM_5	1	机械系统的工作年限	XM_{51}
			2	机械系统的使用情况	XM_{52}

表 4 - 16 隶属关系 r_{ij} 值

可靠性等级	很高	较高	一般	较低	很低
r_{ij}	0.8～1.0	0.6～0.8	0.4～0.6	0.2～0.4	0.0～0.2

2）确定各评价属性间的权重

系统评价属性内容 XM_i 对维修方式的权重矩阵为

$$\boldsymbol{A} = \begin{vmatrix} a_{11} & a_{12} & \cdots & a_{15} \\ a_{21} & a_{22} & \cdots & a_{25} \\ a_{31} & a_{32} & \cdots & a_{35} \end{vmatrix} \qquad (4-42)$$

3) 对维修方式分类

设 A_k 为各性能属性下的权重集，R_k 为模糊判断矩阵，k 为性能属性的编号，则系统性能属性的评价结果为

$$B_k = A_k \circ R_k \tag{4-43}$$

式中，"$\circ$"为模糊算子。

采用加权平均模型 $M(\cdot, \otimes)$ 计算或采用普通矩阵乘法计算，即可得系统总体判断的模糊矩阵为

$$B = \begin{bmatrix} B_1 \\ B_2 \\ B_3 \\ B_4 \\ B_5 \end{bmatrix} = \begin{bmatrix} b_{11} & b_{12} & & b_{1n} \\ b_{21} & b_{22} & \cdots & b_{2n} \\ & & \vdots & \ddots & \vdots \\ b_{51} & b_{52} & \cdots & b_{5n} \end{bmatrix} \tag{4-44}$$

若系统的各性能属性对维修方式的权重为 A，则多层次综合评判为

$$B = A \circ R \tag{4-45}$$

在评判 B 中，取 $f = 4$，即把维修方式分为 4 类：视情维修、状态监控维修、定时维修和事后维修。

将 B 归一化后，寻求其中的最大值，记为 $B_{\max}$，然后将各值除以 $B_{\max}$，且设定分类门限值后，便可对燃气轮机的维修方式进行最终分类，确定不同的维修方式。

4.4.2　定时维护时间模型

在维修实践中，如果按照预先设定的时间对设备进行有计划的维护而使其恢复性能，则称之为定时维护。定时维护将按照役龄 T 进行维护，或发生故障后进行维修，要求进行周期性的维护活动，不管设备当时的状况如何。

定时维护策略对于故障率随时间不断升高且呈耗损特征、价值昂贵且不可修的设备来说不失为一种可行的策略，如装备中的真空电子器件、蓄电池等。燃机的某些部件就很适合应用定时维护策略，如进气滤芯、燃料的电加热器等。这种维护策略仅需一直保持役龄记录，因此实行起来相对简便。

定时维护时间模型是一个早已被很好地解决了的问题，其建模需求是：如何利用数学模型来确定维护间隔期 T，从而使维护工作达到规定的目标。下面分别选取维护费用、可用度和风险三项指标作为维护目标，介绍建模过程。

4.4.2.1　参数说明

（1）C_f：每次故障维护的总费用，包括故障维修费用和停机时间内的生产

损失。

（2）C_p：每次定时维护的总费用，包括预防性维护的费用和停机时间内的生产损失。

（3）$C_a(T)$：进行定时维护每单位时间所需的管理费用。

（4）$C(T, t)$：以间隔期 T 进行定时维护时，在时间 $[0, t]$ 内的期望费用。

（5）$C(T)$：以间隔期 T 进行定时维护时，长期使用下的单位时间的费用。

（6）$A(T)$：以间隔期 T 进行工龄更换时，长期使用下的平均可用度。

（7）T_p：预防性维护所需的平均时间。

（8）T_f：故障维护所需的平均时间。

（9）$P_b(t)$：以间隔期 T 进行定时维护时，在任一时刻 t 之前产品的故障风险。

（10）$F(t)$、$R(t)$ 和 $f(t)$：产品首次故障时间累积分部函数、可靠度函数和故障密度函数，其中，当 $t = 0$ 时表示产品处于新状态。

4.4.2.2 费用模型

费用模型的目标是要寻找合适的役龄 T，使得单位时间内的期望费用最小，即

$$\min \lim_{t \to \infty} \frac{C(T, t)}{t} \tag{4-46}$$

根据更新过程的基本理论，长期使用下，产品的平均费用可表示为

$$C(T) = \lim_{t \to \infty} \frac{C(T, t)}{t} = \frac{\text{每个更新周期总费用的期望值}}{\text{更新周期长度}} + C_a(T) \tag{4-47}$$

更新周期内总的期望费用 = 预防性更换的费用×预防性更换的概率 + 故障更换的费用×故障更换的概率 = $C_p R(T) + C_f F(T)$

$$\tag{4-48}$$

期望更新周期长度 = 平均预防性更换周期长度×预防性更换的概率 + 平均故障更换周期长度×故障更换的概率 = $(T + T_p)R(T) + \int_0^T (t + T_f) f(t) \mathrm{d}t$

$$\tag{4-49}$$

如果 T_p 和 T_f 相对于 T 来说很小，在费用模型中可以将其忽略。此时期望更新周期长度变为 $\int_0^T R(t)\mathrm{d}t$。我们通过使单位时间的期望费用最小来求最佳的更换周期 T：

$$C(T) = \frac{C_p(T) + C_f[1 - R(T)]}{(T + T_p)R(T) + \int_0^T (t + T_f) f(t) \mathrm{d}t} + C_a(T) \tag{4-50}$$

式（4-50）是计算单个部件开展定时维护所需费用的一般模型，对 $C(T)$ 求导

可得最佳的定时维护间隔 T。如无法通过解析方法获得 T,可采用对 T 的可行域进行搜索的数值计算方法。

4.4.2.3　可用度模型

为了保证产品的正常运行,或降低备用产品发生故障的风险,有时需要寻找合适的定时维护周期 T,以使得产品的可用度最大。与建立费用模型类似,可以建立在长期使用情况下的可用度模型:

$$A(T) = \frac{\text{一个更新周期中设备工作时间的期望值}}{\text{更新周期长度的期望值}} \qquad (4-51)$$

式中工作时间是指扣除了修复造成的停工时间和计划维修花费的时间后,产品实际可用的工作时间。

一个更新周期内工作时间的期望值＝ 预防性更换前运行时间的期望值×
进行预防性更换的概率＋
故障更换前的运行时间×
故障更换的概率

$$= T \times R(T) + \int_0^T t f(t) \mathrm{d}t = \int_0^T R(t) \mathrm{d}t$$

$$(4-52)$$

更新周期长度的期望值＝ 预防性更换周期期望值×预防性更换的概率＋
故障更换周期期望值×故障更换的概率

$$= (T + T_\mathrm{p}) \times R(T) + \int_0^T (t + T_\mathrm{f}) f(t) \mathrm{d}t \qquad (4-53)$$

因此,可用度 $A(T)$ 可由下式表示:

$$A(T) = \frac{\int_0^T R(t) \mathrm{d}t}{(T + T_\mathrm{p}) R(T) + \int_0^T (t + T_\mathrm{f}) f(t) \mathrm{d}t} \qquad (4-54)$$

其求解方法与费用模型类似。

4.4.2.4　风险模型

定时维护的目的是用来减少故障的发生,但任何维护策略都不能完全排除故障风险。以下将建立在维护策略下任意时刻 t 之前故障风险 $P_\mathrm{b}(t)$ 的模型。用 $\overline{P_b}(t)$ 表示 t 时刻前不发生故障的概率

$$P_\mathrm{b}(t) = 1 - \overline{P_b}(t) \qquad (4-55)$$

如果当到达时间 T 就立刻进行维护，$\overline{P}_b(t)$ 可以做如下简化：

当 $t \leqslant T$ 时，$\overline{P}_b(t) = R(t)$；

当 $T < t \leqslant 2T$ 时，$\overline{P}_b(t) = R(t)R(t-T)$；

当 $2T < t \leqslant 3T$ 时，$\overline{P}_b(t) = R^2(T)R(t-2T)$；

当 $nT < t \leqslant (n+1)T$ 时，$\overline{P}_b(t) = R^n(T)R(t-nT)$；

因此有

$$P_b(t) = 1 - R^n(T)R(t-nT) \qquad (4-56)$$

式中，n 为 t 时刻前进行定时维护的次数：

$$n = \text{int}(t/T)$$

其求解过程与费用模型类似。

4.4.3 视情维护时间模型

工业革命之后，人们已经开始意识到维护的重要性[38]。在今日全球经济之下，维护经费占据了工业预算的一大部分。无效、低效的维护策略会导致一系列问题，如过剩或不足的预防维护、设备失效和设备低效运行等。这些问题会极大地增加维护费用，并影响生产效率和产品质量。因此，维护策略优化一直是一个重要的和有价值的研究课题。

大多数维护策略优化的研究都在设备的寿命分布基础上确定维护时序[39]。随着传感器技术和信号处理方法的发展，人们可以获得特定设备的运行状态，并以较低的成本连续监测设备的运行状态[40]。由于大多数设备的失效与其运行状态密切相关，根据设备的运行状态、衰退情况制定维护策略相比根据设备运行时间制订的维护策略更为合理[41]。Kaiser 和 Gebraeel 的研究指出，根据每一特定设备的在线传感器信号在线更新维护规划模型，较离线维护规划模型表现更优（如更低的维护费用）[42]。然而，文献中的研究未考虑"修复非新"维护，也未进行维护规划模型的优化。本节介绍一种视情维护时间模型，基于对设备未来可靠性状态的预测在线地为接受连续监测的系统制订维护决策。

模型含如下假设：

(1) 系统正接受连续监测，且监测不影响系统的衰退指标。

(2) 维护策略的目标是：通过安排一个替换周期内的预防维护时序，最小化长期期望维护费用率。

(3) 在当前时刻 $t = t_j + t^o$，第 j 个预防维护已在时刻 $t_j = (\tau_{0,1}, \tau_{1,2}, \cdots, \tau_{j-1,j})$ 完成，其中 $\tau_{k,k+1}$ 为已完成的第 k 个预防维护与第 $(k+1)$ 个预防维护间的系

统运行时间,系统在第 j 个预防维护后已运行时间为 t^o。一个替换周期内剩余的预防维护分别安排在时刻 $(t_j + T_{j, j+1}(t_j + t^o))$,$(t_j + T_{j, j+1}(t_j + t^o) + T_{j+1, j+2}(t_j + t^o))$,$(t_j + T_{j, j+1}(t_j + t^o) + \cdots + T_{[j+N(t_j+t^o)-1], [j+N(t_j+t^o)]}(t_j + t^o))$,其中 $N(t)$ 为替换周期内在时刻 t 后的期望预防维护个数;$T_{k, k+1}(t)$ 为在时刻 t 估计的系统所接受的第 k 个预防维护(完成或未完成)与第 $(k+1)$ 个预防维护(未完成)间的系统运行时间。最后一个预防维护为完全替换并终止整个替换周期,如图 4 - 16 所示。

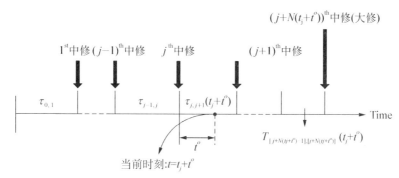

图 4 - 16　模型时序图

(1) 在当前运行周期内,基于系统的衰退指标预测系统的可靠性。

(2) 系统在接受第 j 个预防维护之后的失效率函数为

$$h(t) = a_0 \cdot a_1 \cdots a_j \cdot h(t - t_j + b_j y_j) \tag{4-57}$$

式中,$t_j < t < t_{j+1}$;y_j 为系统在即将接受第 j 次预防维护前的有效年龄;失效率增长因子 a_k 和年龄减少因子 b_k 可由历史数据或操作经验估计,且非时间的函数,其中 $0 \leqslant k \leqslant j$,$a_k \geqslant \cdots \geqslant a_1 \geqslant a_0 = 1$,$0 = b_0 \leqslant b_1 \leqslant \cdots \leqslant b_k < 1$。

(3) 在替换周期内,系统失效后接受小修。小修意味着使系统可以运行但不改变其失效率[43]。

(4) 在替换以后,系统处于全新状态,规划时间 t 归零。

(5) 不考虑开展事后维护和预防维护所需的维修时间。

系统在当前替换周期剩余时间内的维护费用包括三个部分 $(N(t_j + t^o) \geqslant 2)$:

(1) 替换费用 c_r。

(2) 预防维护费用 $C_p(t_j + t^o) = c_p[N(t_j + t^o) - 1]$,其中 c_p 为进行一次预防维护的费用。

(3) 小修(事后维护)费用,包含两部分:

① 当前运行周期剩余时间内的小修费用期望值:

$$C_{m1}(t_j + t^o) = c_m \left[\int_0^{y_{j+1}(t_j+t^o)-b_j y_j - t^o} h(t_j + t^o + t \mid t_j, \, t_j + t^o) \mathrm{d}t \right] \quad (4-58)$$

其中 c_m 为单次小修的费用。

② 当前运行周期后的小修费用期望值：

$$C_{m2}(t_j + t^o) = c_m \left[\sum_{k=j+2}^{j+N(t_j+t^o)} A_k \left(\int_{b_{k-1}y_{k-1}(t_j+t^o)}^{y_k(t_j+t^o)} h(t) \mathrm{d}t \right) \right] \quad (4-59)$$

式中，$A_j = \prod_{k=0}^{j-1} a_k, \ j = 1, 2, \cdots$

小修总费用期望为

$$C_m(t_j + t^o) = C_{m1}(t_j + t^o) + C_{m2}(t_j + t^o) \quad (4-60)$$

基于上述三种费用，在时刻 $(t_j + t^o)$，当前替换周期剩余时间内的维护总费用预期为

$$Q(t_j + t^o) = c_r + C_p(t_j + t^o) + C_m(t_j + t^o) \quad (4-61)$$

系统从 $(t_j + t^o)$ 至替换的剩余运行时间包含两部分：

当前运行周期的剩余时间为

$$T_1(t_j + t^o) = T_{j, j+1}(t_j + t^o) - t_0 \quad (4-62)$$

当前运行周期后的剩余时间为

$$T_2(t_j + t^o) = T_{j+1, j+2}(t_j + t^o) + \cdots + T_{[j+N(t_j+t^o)-1], [j+N(t_j+t^o)]}(t_j + t^o)$$
$$(4-63)$$

这样，系统从 $(t_j + t^o)$ 至替换的剩余运行时间为

$$J(t_j + t^o) = T_1(t_j + t^o) + T_2(t_j + t^o) \quad (4-64)$$

由于系统实际或预测的有效年龄为

$$\begin{cases} y_k = \tau_{k-1, k} + b_{k-1} y_{k-1} & 1 < k \leqslant j \\ y_{j+1}(t_j + t^o) = T_{j, j+1}(t_j + t^o) + b_j y_j & k = j+1 \\ y_k(t_j + t^o) = T_{k-1, k}(t_j + t^o) + b_{k-1} y_{k-1}(t_j + t^o) & j+2 \leqslant k \leqslant j+N(t_j + t^o) \end{cases}$$
$$(4-65)$$

故有

$$J(t_j + t^o) = \sum_{k=j+1}^{j+N(t_j+t^o)-1} \left[(1-b_k) y_k(t_j + t^o) \right] + y_{j+N}(t_j + t^o) - b_j y_j - t^o$$
$$(4-66)$$

这样,系统在当前替换周期剩余时间内的期望维护费用率可计算为总维护费用期望比总运行时间期望[44],即

$$r(t_j + t^o) = \frac{Q(t_j + t^o)}{J(t_j + t^o)}$$

$$= \frac{c_r + c_p[N(t_j + t^o) - 1] + c_m\left[\int_0^{y_{j+1}(t_j+t^o)-b_j y_j - t^o} \hbar(t_j + t^o + t \mid t_j, t_j + t^o)\mathrm{d}t\right] + c_m\left[\sum_{k=j+2}^{j+N(t_j+t^o)} A_k\left(\int_{b_{k-1}y_{k-1}(t_j+t^o)}^{y_k(t_j+t^o)} h(t)\mathrm{d}t\right)\right]}{\sum_{k=j+1}^{j+N(t_j+t^o)-1}\left[(1-b_k)y_k(t_j+t^o)\right] + y_{j+N}(t_j+t^o) - b_j y_j - t^o}$$

$$(4-67)$$

对上式求解使维护费用率最小,可得最佳的预防维护策略。求解方法类似定时维护模型中的费用模型。由于系统的衰退指标不断变化,式(4-64)需不断更新以估计系统最新的性能可靠性并计算最优预防维护时序。

4.5　小结

本章对燃气轮机 RCM 相关分析方法及工具进行了阐述,主要内容如下:

(1) 将故障模式影响及危害性分析(FMECA)方法分为设计阶段和运行阶段两种方法;并对 FMECA 的概念、分析过程等进行了介绍,建立了应用于燃气轮机 RCM 的 FMECA 方法相应的风险准则。

(2) 分析了 3 种不同类型的逻辑决断图以及它们的逻辑决断思想和路线,在此基础上,提出了一种优化后的逻辑决断图。

(3) 按照模块化建模思想,建立了完整的燃气轮机模型;通过建立的燃气轮机模型,获取燃气轮机性能,为各部件性能评价和维护方式的分析提供参考。

(4) 阐述了 RCM 的维修决策模型,对各类模型如工龄更换模型、故障检查模型等的原理和使用过程进行了分析。

参 考 文 献

[1] 王博.航空发动机 FMECA 自动化分析技术研究[D].北京:北京航空航天大学,2001.

[2] 王绍印.故障模式和影响分析(FMEA)[M].广州:中山大学出版社,2003.

[3] 何肖.智能 FMEA 软件的研究[D].北京:北京航空航天大学,2003.

[4] 饶枝建.计算机辅助 FMEA 应用研究[J].质量与可靠性,1994(6):30-37.

［5］ Garcia P A A，Schirru R. A fuzzy data envelopment analysis approach for FMEA［J］. Progress in Nuclear Energy，2005，46（3）：359－373.

［6］ Pugh D R，Snooke N. Dynamic analysis of qualitative circuits for failure mode and effects analysis［C］//Reliability and Maintainability Symposium，1996 Proceedings. International Symposium on Product Quality and Integrity，Annual. IEEE，1996：37－42.

［7］ Price C J，Taylor N S. Automated multiple failure FMEA［J］. Reliability Engineering & System Safety，2002，76（1）：1－10.

［8］ 全国军事技术装备可靠性标准化技术委员会. 国家军用标准"故障模式、影响及危害性分析程序""故障树分析"实施指南［S］. 北京：国防科工委军用标准化中心，1992.

［9］ 邵德生. 故障模式影响及危害性分析 FME(A)技术［J］. 质量与可靠性，1995，6（2）：137－139.

［10］ 陈明. 用失效机制模型对大型复杂产品进行失效模式影响分析［J］. 机电一体化，2006，3（2）：65－66.

［11］ ［美］斯泰蒙迪斯，著. 陈晓彤，姚绍华，译. 故障模式影响分析（FMEA）从理论到实践［M］. 北京：国防工业出版社，2005.

［12］ 高社生，张玲霞. 可靠性理论与工程应用［M］. 北京：国防工业出版社，2002.

［13］ 金伟娅，张康达. 可靠性工程［M］. 北京：化学工业出版社，2005.

［14］ 康瑞，石荣德. FMECA 技术及其应用［M］. 北京：国防工业出版社，2006.

［15］ 竹建福. FMECA 在船舶主机系统中的应用［D］. 上海：上海海事大学，2006.

［16］ 徐卫童，康建设. 机械系统的维修方式决策模型研究［J］. 科学技术与工程，2007，7（23）：6168－6169.

［17］ Endrenyi J，Aboresheid S. The present status of maintenance strategies and the impact of maintenance on reliability［J］. IEEE Transactions on Power Systems，2001，16（4）：638－646.

［18］ Moubray J. Reliability-centered Maintenance［M］. New York：Industrial Press Inc. ，1997.

［19］ 张耀辉，郭金茂，张仕新，等. 军用装备维修方式逻辑决策方法探讨［J］. 火炮发射与控制学报，2007，3：8－12.

［20］ 夏良华，贾希胜，徐英. 设备维修策略的合理选择与决策流程［J］. 火炮发射与控制学报，2006，4：63－67.

［21］ 张煦. RCM 理论在 ATM 维护管理中的应用［D］. 杭州：浙江工业大学，2009.

［22］ Moubray J. 石磊，译. 以可靠性为中心的维修［M］. 北京：机械工业出版社，1995.

［23］ 杨景辉，张志伟，董砚. RCM 维修管理模式及其应用分析［J］. 科学技术与工程，2007，7（15）：3881－3885.

［24］ 余杰，周浩，黄春光. 以可靠性为中心的检修策略［J］. 高电压技术，2005，31（6）：

27 – 28.

[25] 吕一农.以可靠性为中心的维修(RCM)在电力系统中的应用研究[D].杭州:浙江大学,2005.

[26] 李晓明,景建国,陈世均.以可靠性为中心的维修在大亚湾核电站的应用及推广[J].核科学与工程,2001,12:19 – 24.

[27] 董杰,王海晨,徐帆,等.综合利用 RCM 建立新一代电厂设备维护管理体制[J].国际电力,2004,8(1):21 – 24.

[28] 王灵芝.以可靠性为中心的高速列车设备维修决策支持系统研究[D].北京:北京交通大学,2011.

[29] 余然.基于可靠性的制造设备优化维修方法研究[D].武汉:华中科技大学,2012.

[30] 陈洪根.设备维修方式分配逻辑决断模型的改进[J].机床与液压,2011,39(9):148 – 150.

[31] 倪维斗,徐向东,李政,等.热动力系统建模与控制的若干问题[M].北京:科学出版社,1996.

[32] 冯惠军,冯允成.面向对象的仿真综述[J].系统仿真学报.1995,7(3):58 – 64.

[33] 夏迪,王永泓.PG9171E 型燃气轮机变工况计算模型的建立[J].热能动力工程,2008,23(4):338 – 343.

[34] [苏联]柯特略尔.樊介生,高椿,译.燃气轮机装置的变动工况[M].上海:上海科学技术出版社,1965.

[35] 谢志武,王永泓,洪波,等.逆算法对涡轮特性柯特略尔估算的改进[J].热能动力工程,1998(3):26 – 29 + 81.

[36] 严志军,严立,朱新河.逻辑决断法与模糊综合评判在机械设备维修类型决策中的应用(上)[J].中国设备管理,2000(06):9 – 10.

[37] 严志军,严立,朱新河.逻辑决断法与模糊综合评判在机械设备维修类型决策中的应用(下)[J].中国设备管理,2000(07):9 – 10.

[38] Dekker R. Applications of maintenance optimization models：A review and analysis [J]. Reliability Engineering and System Safety，1996,51(3):229 – 240.

[39] Wang H. A survey of maintenance policies of deteoriating systems [J]. European Journal of Operational Research，2002,139(3):469 – 489.

[40] Jardine A K S, Lin D, Banjevic D. A review on machinery diagnostics and prognostics implementing condition-based maintenance ［J］. Mechanical Systems and Signal Processing，2006,20(7):1483 – 1510.

[41] Lu S, Tu Y C, Lu H. Predictive condition-based maintenance for continuously deteriorating systems ［J］. Quality and Reliability Engineering International，2007,23(1):71 – 81.

[42] Kaiser K A, Gebraeel N Z. Predictive maintenance management using sensor-based

degradation models [J]. IEEE Transactions on Systems，Man，and Cybernetics-Part A：Systems and Humans，2009，39(4)：840－849.

［43］ Barlow R E a，Hunter L C. Optimum preventive maintenance policies [J]. Operations Research，1960，8(1)：90－100.

［44］ 尤明懿. 基于状态监测数据的产品寿命预测与预测维护规划方法研究[D].上海：上海交通大学,2012.

第5章 基于气路故障的燃气轮机维护策略

燃气轮机的气路故障是指导致燃气轮机气体通道发生变形而气动参数改变的故障,此故障将导致燃气轮机在稳态或动态工作过程中性能不符合要求。从燃气轮机故障部位的局部气流流场来看,气路故障导致局部形状不符合要求,气路损失增加或温度场分布异常,从而使燃机出功下降,排温过高,油耗增加,起动时间增加或加速过程中超速,甚至发生喘振或停机[1]。

热力参数的变化,不仅可以用来判断发动机的安全性、经济性等技术状态,而且是故障发生的征兆,可以作为故障诊断的推理基础。例如,当压气机发生叶片结垢和磨损故障时,压气机的效率和流量特性将发生相应的变化,这些变化又将迅速反映在功率和排气温度等测量参数的变化上。因此,如果知道每一种故障所对应的参数变化,就可以很容易地分析出故障的类型。

本章将针对气路故障进行 RCM 分析。

5.1 燃气轮机气路概述

气路的功能是使工质按照设计的流动形式通过流道,依次完成压缩、燃烧和膨胀做功三个过程。具体来说,需要将压气机的压缩功尽可能地转化为工质的压力能,尽量少地转化为工质热能;在燃烧过程中要尽可能保证燃烧稳定充分,燃烧室压损尽可能小;在膨胀做功过程中,尽可能地将热能转化为动能;在进气道和排气道内压损尽可能小。

燃气轮机组成部件主要包括进气道、压气机、燃烧室、涡轮、排气道,如图 5-1所示。经过过滤系统过滤后的空气在进气道内完成导向、消音,进入压气机。压气机的一个叶轮与其后的一组静叶组成了一个级,一个压气机由若干级组成。压气机的轴功通过叶轮上的动叶传递给工质,不断地增加工质的流动速度,连续不断地向静叶提供高速气流,在静叶中进行降速增压。高压工质离开压气机进入燃烧室后和从燃料喷嘴中喷出燃料混合燃烧,形成高温燃气,进入涡轮膨胀做功。涡轮也是多级的,每一级由静叶与动叶构成。静叶的流道是收敛的,亚声速下高温高压的燃气在静叶中流速增加,温度、压力下降。高速燃气推动动叶旋转,速度下降,旋转的动叶通过转轴对外输出机械功[2]。

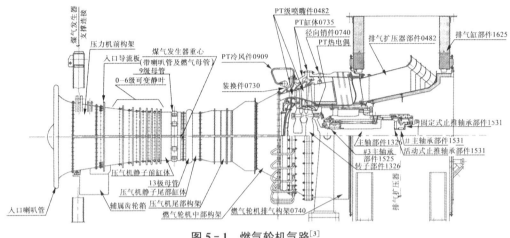

图 5-1 燃气轮机气路[3]

本节分析了气路故障导致压气机流量和效率降级之后对系统性能的影响,如图 5-2、图 5-3所示。当燃机出功、环境参数不变时,压气机流量降级和效率降级对涡轮入口温度和涡轮排气温度的影响程度相当,压气机效率降级对系统热效率及油耗影响显著高于压气机流量降级。

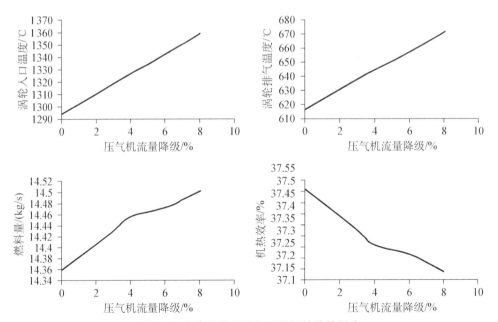

图 5-2 压气机流量降级对燃机性能的影响

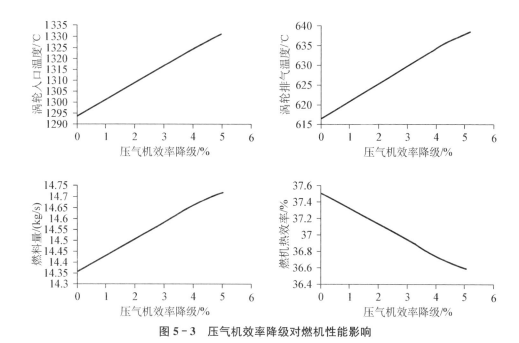

图 5 - 3　压气机效率降级对燃机性能影响

当压气机流量降级 8% 时,涡轮入口温度上升 65℃,燃机排气温度上升 58℃,燃料量增加 0.14 kg/s,系统热效率下降 0.37 个百分点;压气机效率降级 5% 时,涡轮入口温度上升 38℃,燃机排气温度上升 22℃,燃料量增加 0.36 kg/s,系统热效率下降 0.92 个百分点。涡轮入口温度的增加将影响涡轮叶片寿命,从而缩短大修周期,增加维护成本,降低机组可用率;燃料量的增加将影响运行成本,降低机组运行的经济性。以上仅为考虑单部件发生一项性能降级情况下对系统性能的影响,真实运行中多部件的多项性能一起发生衰退,对系统性能的影响将更大。因此做好燃机气路维护,保障气路性能意义重大。

5.2　燃气轮机气路故障模式分析

5.2.1　故障形成原因分析

运行环境和燃料种类等因素会在长时间运行过程中改变燃气轮机的热通路状况,进而带来一系列的热通路部件故障[4]。作为陆用发电时,燃气轮机会因为吸入灰尘和燃用重油等原因导致热通路部件结垢等故障;而作为水面舰艇动力的燃气轮机则会因为海上、港湾、船上的水雾、盐分、油烟等作用而产生冷端和热端腐蚀及磨损等故障。作为热参数故障诊断的第一步,有必要对这些因素进行分析,以明确其对燃气轮机性能所带来的影响,并做好防护措施。

1)燃料

以天然气为燃料的燃气轮机,运行、维护受燃料影响较小,而用重油作为燃料的燃机,工作中受燃料影响较大。重油一般是由渣油与重质馏分油混合制成。所谓渣油(又称为残余油)是指在原油中提取了沸点低、分子量轻的汽油、煤油和柴油后所残余的重质碳氢化物,分子结构复杂、黏度大、沸点高、挥发性差,并且含有大量的由硫、铅、钾、钠、钙、镁、铁、钒、锌等元素的化合物组成的灰分。重油虽然因混有一些重柴油比纯渣油容易燃烧,但它也含有渣油所有的一切杂质,不仅在燃烧方面产生困难,而且还给燃气轮机的运行和维护带来一系列问题。

(1)燃烧。燃用重油时最容易产生的问题是积炭、积焦和排气冒黑烟等。因为其分子结构复杂,难于挥发和燃烧,且重油的黏度大,雾化后油滴颗粒往往过大,在低负荷工况下,很容易未经完全燃烧就被带离高温燃烧区,最后以液态积存在火焰管的壁面上,经高温燃气的烘烤而形成积焦或积炭,导致燃烧效率下降;喷嘴出口端面积了炭,喷雾油锥会因此而偏斜,雾化质量降低、燃烧条件进一步恶化;在高负荷情况下,积存在火焰管上的干炭还有可能复燃,这些部件就有被烧坏的危险。此外,被燃气带着一起运动的炭粒还会磨损涡轮叶片,使机组寿命降低。

(2)结垢与腐蚀。由于重油中含有大量的炭粉与杂质,经燃烧后熔融的炭和残渣随着燃气流入涡轮并在涡轮叶片的表面积存起来,结果不仅使流道的流通面积变小,而且使叶片型线发生变化而降低涡轮的效率和功率。根据国内燃用重油的实践表明,这种结垢进展很快,机组运行 8～10 h 后就开始有所反应,运行约 100 h,功率就下降 10%,油耗上升 8%,运行约 300 h,机组的功率下降 40%左右。

以熔融状态积存在涡轮叶片上的灰分会与叶片的金属元素逐渐起化学反应,导致叶片腐蚀损坏。我国一台 20 000 kW 机组上的涡轮叶片,在燃气初温为 900℃左右条件下运行了几千小时后,出现了严重的高温硫化腐蚀现象,使机组出力下降了 25%左右,可见腐蚀问题的严重性。

2)盐雾

作为舰艇动力的燃气轮机由于运行环境问题,比较容易受到海面盐雾的影响。即使在平静的海面上也含有大量由 NaCl 和其他化合物组成的海盐微粒。这种在空气中悬浮着的液态或固态微粒的物质平时是由海面上经常发生的气泡破裂产生的,而在大风期间出现"白浪头"和碎波时则直接向空中喷射含盐液滴。空气相对湿度低于 80%时,这些液滴会蒸发形成细小晶粒或过饱和盐滴,在微风条件下就足以使之悬浮,风速越大,悬浮粒子数量越多,滴径也越大。

盐雾对燃气轮机的危害主要有两方面:

(1)污染和沉积。盐雾的污染和沉积容易破坏通流部分型面,造成性能的降低,常见的部位有进气道和压气机导叶处。文献曾指出:"在运行 30 min 后,功率可能下降 10%~20%"[14]。此外,压气机喘振边界也会受污染的影响而变窄。

(2) 冷端腐蚀和热端腐蚀。①冷端腐蚀是指在燃烧室前,如压气机叶片轴承、机匣等处的腐蚀。这是一种电化学腐蚀,对于活泼金属十分严重,在更换抗腐蚀能力较强的铝、钛合金并敷以涂层后,基本上可以解决防腐蚀的问题。②热腐蚀包括燃烧室和涡轮部件在高温下工作的腐蚀,其腐蚀机理复杂且影响因素较多,是迄今为止仍未彻底解决的关键问题之一。一种理论认为,燃气中的盐分与燃油中固有的硫生成硫酸钠。气态硫酸钠并不造成腐蚀,但其在露点(830℃左右)以下会呈液态沉积于合金表面并与其氧化保护层发生反应,并逐渐使氧化层破裂,从而使硫化钠直接与合金接触,并与合金中的铬、镍等抗氧化作用强的元素不断形成氧化物,直到造成"灾难性氧化。"另一种解释是燃气中的烟和燃料中的硫以熔渣形式沉积于金属表面,在高速燃气流作用下,它们和盐粒以及碳粒子一起冲刷零件上的氧化铬等保护层,使其中的镍、铬等元素与硫反应形成硫化物,转化为硫酸盐,从而造成严重的腐蚀。

3) 排气与油烟

舰用燃气轮机一般装在船中心的机舱中,经由竖井型的进排气道进气和排气。由于船速远低于飞行速度以及风向的影响,发动机的排气、冷却风机排气以及厨房的油烟都有可能由进气口被吸入发动机。据对美国在 DD963 舰上的化学测量[14],即使舰上排气很少,也会被重复吸入。其中硫份为 $0.000\,35\times10^{-6}$(ppm),灰尘为 0.016×10^{-6}。而一般过滤器对付这些杂质效率仅为 30%,这些杂质的活性大,会加重盐分的沉积。陆用燃气轮机虽然在设计时比较注重避免吸入排气及对进气的过滤,但在多个机组并存的电厂,燃气轮机的性能也不可避免地受到排气的影响。

4) 灰尘

如前所述,DD963 上测试出进气口灰砂吸入量为 0.016×10^{-6},而当在港口、近岸的下风带时,灰尘量会急剧增高。吸入的灰尘对压气机叶片产生侵蚀作用,也可能在发动机热端零部件上形成硬质沉积物。沉积在压气机叶片上的灰尘将改变叶片的几何形状及其光洁度,致使效率降低,随之使增压比减小,压气机的供气量降低。在进气导流器和压气机前几级上形成的沉积量最大。例如,苏联的雅库兹克电站的燃气涡轮装置在空气含尘率为 $2.2\ \text{mg/m}^3$ 条件下工作 4 000 h 后,在其压气机内产生如下沉积值(g):[14]

低压压气机进气导向器⋯⋯⋯⋯2.4

低压压气机第一级工作叶片⋯⋯1.2

高压压气机进气导向器⋯⋯⋯⋯1

高压压气机第一级工作叶片⋯⋯0.1

当压气机空气通道内沉积物达到上述程度时,压气机效率降低 3%～5%,增压比降低 5%～7%,发动机功率下降 17%。含水量对燃气空气通道内沉积物的量有一定影响。随着含水量增加,沉积物的数量也增加。卡斯尔卡电站使用的无水油分离系统的燃气涡轮发动机装置在含尘大气下工作 2 500 h 后,其增压比降低 15%～20%;而预先采取防止水分同空气一起进入并防止滑油落入措施后,其增压比仅降低 3%～5%[14]。

空气的含尘量影响燃气涡轮发动机的工作,不仅是由于发动机零件上有灰尘沉积物,同时还由于压气机工作叶片受到磨料磨损。此时叶片的磨损沿通流部分的径向和周向是不均匀的,压气机中间几级及最后几级工作叶片叶身部分受到的磨损最严重,压气机导流叶片叶根截面上也产生了严重的磨损,除压气机导流叶片和工作叶片外,压气机工作环、涡轮导向器叶片和工作叶片也有磨料磨损。由于燃气空气通道零件的磨料磨损,发动机流通部分的气动力特性恶化了,结果造成压气机效率、增压比以及发动机的功率随之下降。除了灰尘的理化属性之外,在进入的空气总量中,灰尘的浓度和灰尘的粒度均对磨料磨损的性质有影响。

5.2.2 故障模式分析

1) 压气机叶片结垢

当压气机的叶片发生结垢时,叶型表面会变得粗糙,增加了流动损失,所以压气机的效率会下降。压气机叶片形状以及叶片进口角的变化、叶片喉口尺寸的减小以及叶型表面粗糙所导致的阻力系数增加,会使得压气机的流量急剧下降。结垢是燃气轮机性能之所以下降的最通常的原因之一,由此引起的燃机性能下降程度占所有气路故障的 70%。同时因性能曲线发生变化,这时不仅等转速线下移,喘振边界也起了变化,最终导致功率的下降。Saravanamuttoo[5]对压气机结垢进行性能模拟时,认为当压气机折合流量下降 7%,压缩效率下降 2% 可作为压气机发生结垢的依据。我们也可以以此数据作为判别故障的判据。Diakunchak[6]在其文章中提及结垢可引起流量下降 5%,压缩效率下降 2.5%,与上述数据相差不大。

2) 压气机叶片腐蚀

污染物和压气机流道内的金属零部件发生化学反应将使得金属零部件上的材料脱落。腐蚀将导致叶片叶型、叶片进口角和喉口通流面积发生变化,叶片的气动性能变差,导致叶片表面锈蚀,出现凹坑,表面粗糙度增加,从而影响压气机效率和流量。

3) 压气机叶片磨损

气流中的硬颗粒和压气机流道内的金属部件发生摩擦,将使得金属零部件上的材料脱落。磨损将导致叶片叶型、叶片进口角和喉口通流面积发生变化,叶片表面粗糙度增加,从而使压气机效率下降,气机叶片表面磨损的判据为压缩效率降低2%。流量一方面由于通流面积的加大,使其有增加的趋势,但另一方面由于通道中流动情况变差,阻力系数增加,所以总的流量变化不大。

当压气机叶片顶端发生磨损时,顶端间隙增大,压气机的有效压缩面积变小,同时通过间隙发生的回流量增大,也使得压气机的流量急剧下降。Macleod 和 Taylor 曾经对 T56 型单轴燃气轮机做过这样的实验,他们采用的第一、第二级压气机叶片顶端间隙增加 3.3%。实验发现,压气机的折合流量下降了 4%,而压气机效率基本不变[8]。据此,可以将压气机叶片顶端磨损的判据定为折合流量下降 4%。

4）压气机叶片受外来物损伤

当压气机叶片被外物损伤时,压气机的叶片会被击伤,甚至断裂。对压气机的性能影响较大,此时压气机的效率也会大幅下降。Zhuping[7] 在对燃气轮机进行模拟时,以压缩效率下降 5% 作为压气机叶片受外物损伤的依据。

5）涡轮叶片结垢

由于沉淀物在叶片表面的堆积,导致了叶片表面粗糙度的增加,叶片形状以及叶片进口角的变化,叶片喉口尺寸的减小,影响了空气流量和效率。涡轮叶片结垢引起的性能下降程度取决于污染物粘贴到涡轮流道上的能力。

6）涡轮叶片腐蚀

随空气、燃料进入燃气轮机的污染物与涡轮流道内的部件发生的化学反应,使得部件上的材料脱落。与水结合的盐、酸性矿物质以及活性气体如氯和二氧化硫会导致冷端腐蚀,主要发生在压气机的流道。诸如钠、钒、硫和铅等元素的金属或其化合物会导致涡轮流道的热端腐蚀,将导致叶片叶型,叶片进口角和喉口通流面积发生变化,叶片表面粗糙度增加,叶片金属上局部地区产生较深的蚀点,增加涡轮空气流量和降低效率。Macleod 和 Taylor[8] 在做涡轮喷嘴腐蚀实验时,采用的存在故障的喷嘴面积比正常值要大 6%,我们据此作为涡轮喷嘴发生腐蚀的判据。

7）涡轮叶片受外来物损伤

气流中的硬颗粒和涡轮流道内的部件发生摩擦,使得部件上的材料脱落。导致磨损的微粒直径一般在 20 μm 以上。磨损将导致叶片叶型,叶片进口角和喉口通流面积发生变化,叶片表面粗糙度增加,增加涡轮空气流量和降低效率,其对性能的影响与压气机相仿。我们采用 Zhuping[7] 文中的数据,以膨胀效率下降 5% 作为涡轮受外物损伤的判据。

8）涡轮喷嘴腐蚀

污染物和涡轮喷嘴发生的化学反应以及气流中的硬颗粒的摩擦作用,使得部件上的材料脱落。腐蚀将导致叶片叶型、叶片进口角和喉口通流面积发生变化,叶片表面粗糙度增加,增加涡轮空气流量和降低效率。

9）其他故障

燃烧效率：当燃油喷嘴堵塞或者燃油压力不足时都会造成燃烧效率下降。

燃烧室的压力恢复系数：当燃烧室发生变形时，燃烧室的压力恢复系数就会下降。

进气道压力恢复系数：是进气管道是否存在故障的判据，当进气口结冰或者过滤网堵塞都会造成进气道压力恢复系数下降。

排气道压力恢复系数：反映了排气管道的性能变化，排气管道是否存在故障的判据。当排气管道损坏时，会引起排气道压力恢复系数下降。

5.3 燃气轮机气路故障 FMECA 分析

综上对气路功能及部件的划分以及总结的常见故障模式，基于 4.1 节的 FMECA 方法，对燃气轮机气路进行 RCM 分析。将分析后的结果填入表 5-1。

表 5-1 燃气轮机气路故障 RCM 分析表

部件名称	故障模式	自身影响	对其他部件影响	发生概率	严酷类别	故障后果	故障模型
进气道	泄漏	生产区内未经过滤的空气将进入燃机	对压气机、燃烧室、透平造成不同程度的损坏，降低使用寿命	E	3	使用性后果	C
	堵塞	进气道处压损较大	压气机入口压力降低，压气机耗功与效率增加，系统经济性降低，机组功率降低	E	4	经济性后果	B
压气机	叶片结垢	压气机通流能力严重下降，效率下降	压气机耗功增加，出口温度上升，燃料消耗上升，系统经济性降低	D	4	经济性后果	B
	叶片腐蚀与磨损	压气机效率下降	压气机耗功增加，出口温度上升，燃料消耗上升，系统经济性降低	E	4	经济性后果	D
	叶片顶端间隙增大	压气机通流能力降低	压气机耗功增加，燃料消耗上升，系统经济性降低	E	4	经济性后果	D
	叶片受外来物损伤	压气机效率急剧下降	压气机耗功明显增加，出口温度上升，燃料消耗上升，系统经济性降低	E	3	使用性后果	E

(续表)

部件名称	故障模式	自身影响	对其他部件影响	发生概率	严酷类别	故障后果	故障模型
燃烧室	燃油喷嘴堵塞	燃烧室效率下降	燃料消耗上升,系统经济性降低	E	4	经济性后果	D
	燃烧室变形	燃烧室压力恢复系数下降	涡轮入口压力降低,机组功率降低系统经济性降低,排气温度上升	E	4	经济性后果	E
涡轮	叶片结垢	涡轮通过能力急剧下降,效率下降	涡轮出功降低,排气温度上升,系统经济性降低	E	4	经济性后果	B
	叶片腐蚀	涡轮通过能力急剧上升,效率下降	涡轮出功降低,排气温度显著上升,系统经济性降低	E	4	经济性后果	D
	喷嘴腐蚀	涡轮通过能力明显增加	涡轮出功降低,排气温度上升,系统经济性降低	E	4	经济性后果	D
	叶片受外来物损伤	涡轮效率显著降低	涡轮出功降低,排气温度显著上升,系统经济性降低	E	3	使用性后果	E
排气蜗壳	泄漏	高温透平排气进入生产区	引起成生产区的安全隐患	E	3	安全性后果	C
	堵塞	透平背压上升	涡轮出功降低,全厂热效率降低	E	4	经济性后果	B

5.3.1　气路故障诊断

综上所述,燃气轮机的气路故障将造成部件性能的改变,这种改变是可以通过对传感器数据的分析识别的。因此,常通过视情维护,即状态监测与故障诊断的方法来预防燃气轮机气路故障。

燃气轮机的实际故障、部件特性参数变化和可测参数变化之间的关系如图 5-4 所示。燃气轮机的气路故障常表现在燃气轮机部件尺寸的变化上,而尺寸变化直接导致特性参数变化(故障因子),最终导致燃气轮机性能衰减,如涡轮排气温度、燃油流量、功率和转速等的变化,即燃气轮机可测参数的变化(征兆量)。因此,故障诊断的过程需要通过气路分析发现特性参数变化程度,将其与故障判据比照分析确定故障模式与程度两步完成。

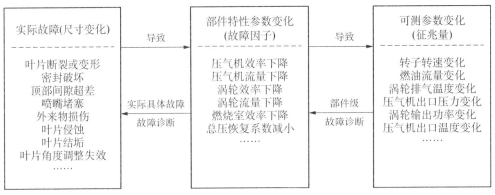

图 5 - 4　气路故障诊断原理

5.3.2　气路性能分析

自从 Urban 于 1970 提出了燃机气路分析方法,燃气轮机故障诊断领域出版了大量相关论文。Y. G. Li[9]对这些论文所提供的方法进行了全面的回顾和比较。Kamboukos[10]比较了其中两种最常用的诊断方法:线性和非线性诊断方法,并且证明应用线性方法会在一定程度上导致诊断精度的下降;同时他也提出,当需要实际应用时,线性方法的计算速度明显快于非线性方法。例如当机组控制系统需要估算涡轮入口温度进行油量控制时,线性方法由于反应快捷而更适于采用。

目前大多数已公开的燃机故障分析模块的内核仍是以线性诊断方法为主[11-13]。而目前的研究热点为基于模型的气路故障诊断与基于数据的气路故障诊断。前者基于精准的燃机模型,结合优化搜索算法,判断燃机的性能衰退情况;后者基于燃机的故障数据,结合机器学习方法,判断燃机的性能衰退情况。本节将分别介绍上述三种方法,首先介绍一种新型线性气路分析方法,然后分别以粒子群算法和支持向量机为代表介绍基于模型的与基于数据的气路故障诊断方法。

5.3.2.1　线性气路分析算法

通过研究,我们发现各种类型的故障会引起部件特性变化,并随之引起机组匹配点的变化;而机组匹配点的变化也会导致性能参数变化。用故障诊断矩阵求出的部件性能变化应该只包含上述变化中由部件故障所引起的部件特性变化,而不会包括匹配点变化所导致的性能参数变化。传统小偏差方程组的计算结果却包含了上述两部分变化,这明显会增加该线性方法的计算误差。本节的线性气路分析算法可以消除匹配点变化带来的影响,并在 5.4.3 节通过 PG9171E 型燃气轮机变工况模型得到了检验。虽然该方法的提出是基于某一特定机组,但是该方法是通用的,修正后可以适用于其他燃机。

Urban 所提出的小偏差方程组可以表达 PG9171E 机组中性能变化与可测参数变化之间关系：

$$\delta \pi_T = \delta \pi_C + \delta \sigma_{in} + \delta \sigma_{out} + \delta \sigma_B \tag{5-1}$$

$$\delta W_C = k_1 \delta \pi_C - \delta \eta_C \tag{5-2}$$

$$\delta W_T = \delta T_3 + k_3 \delta \pi_T + \delta \eta_T \tag{5-3}$$

$$\delta T_2 = k_1 k_2 \delta \pi_C - k_2 \delta \eta_C \tag{5-4}$$

$$\delta T_4 = \delta T_3 - k_3 k_4 \delta \pi_T - k_4 \delta \eta_T \tag{5-5}$$

$$\delta G_C = \delta \overline{G_C^*} + \delta \sigma_{in} \tag{5-6}$$

$$\delta \overline{G_T^*} = \delta G_T + \frac{1}{2} \delta T_3 - \delta \pi_C - \delta \sigma_{in} - \delta \sigma_B \tag{5-7}$$

$$\delta G_f = \delta G_C + k_5 \delta T_3 - (k_5 - 1) \delta T_2 - \delta \eta_B \tag{5-8}$$

$$\delta N_E = \delta G_C + k_6 \delta W_T - (k_6 - 1) \delta W_C \tag{5-9}$$

其中：

$$m_1 = \frac{(k_C - 1)}{k_C} \qquad m_2 = \frac{(k_T - 1)}{k_T}$$

$$k_1 = \frac{m_1 \pi_C^{m_1}}{\pi_C^{m_1} - 1} \qquad k_2 = \frac{\pi_C^{m_1} - 1}{\pi_C^{m_1} - 1 + \eta_C} \qquad k_3 = \frac{m_2}{\pi_T^{m_2} - 1}$$

$$k_4 = \frac{(\pi_T^{m_2} - 1) \eta_T}{\pi_T^{m_2} - (\pi_T^{m_2} - 1) \eta_T} \qquad k_5 = \frac{(1 + f) T_3}{(1 + f) T_3 - T_2} \qquad k_6 = \frac{(1 + f) W_T}{(1 + f) W_T - W_C}$$

上述各式中，δ 表示基于设计点的相对变化值；π_T 为涡轮膨胀比，π_C 为压气机压比；σ_{in} 为进气压力损失系数，σ_{out} 为排气压力损失系数，σ_B 为燃烧室压力损失系数；W_C 为压气机耗功(MW)，W_T 为涡轮发出功率(MW)；η_C 为压气机效率，η_T 为涡轮效率，η_B 为燃烧室效率；T_2 为压气机出口温度(K)，T_3 为涡轮入口温度(K)，T_4 为涡轮排气温度(K)；G_C 为压气机质量流量(kg/s)，$\overline{G_C^*}$ 为压气机折合流量，G_T 为涡轮质量流量(kg/s)，$\overline{G_T^*}$ 为涡轮折合流量，G_f 为燃油流量(kg/h)，N_E 为机组输出功率(MW)，K_C 为压气机绝热指数，K_T 为涡轮绝热指数，f 为油气比。

假定压气机流量的改变量与涡轮流量的改变量相等，即有 $\delta G_T = \delta G_C$，在一定的 W_F 的情况下可消去 δT_3 项，并简化为

$$\delta \boldsymbol{m} = \boldsymbol{S} \cdot \delta \boldsymbol{p} \tag{5-10}$$

式中，

$$\delta \boldsymbol{m} = (\delta N_E \quad \delta \pi_C \quad \delta T_2 \quad \delta T_4);$$

$$\delta \boldsymbol{p} = (\delta \overline{G_C^*} \quad \delta \eta_C \quad \delta \overline{G_T^*} \quad \delta \eta_T \quad \delta \eta_B \quad \delta \sigma_{in} \quad \delta \sigma_{out} \quad \delta \sigma_B)。$$

其中 $\delta \boldsymbol{m}$ 为可测参数相对变化量，$\delta \boldsymbol{p}$ 表示性能参数相对变化量。通过式(5-10)

可以推导出诊断矩阵 S（见表 5-2）。为了得到唯一解，之后计算过程中 $\delta\eta_B$，$\delta\sigma_{in}$，$\delta\sigma_{out}$，$\delta\sigma_B$ 假定为 0。

表 5-2 诊断矩阵 S

	$\delta\overline{G_C^*}$	$\delta\eta_C$	$\delta\overline{G_T^*}$	$\delta\eta_T$	$\delta\eta_B$	$\delta\sigma_{in}$	$\delta\sigma_{out}$	$\delta\sigma_B$
δN_E	-0.0015	0.547174	-0.3577	2.08659	1.23	0.434	0.663	0.908
$\delta\pi_C$	0.780494	-0.12753	-1.0712	0	0.291	-0.291	0	-0.929
δT_2	0.226899	-0.55782	-0.31141	0	0.085	-0.085	0	-0.27
δT_4	-0.61624	-0.2261	0.100846	-0.71445	0.515	-0.742	-0.227	0.126

由表 5-2 所确定的性能相对变化包括两部分：

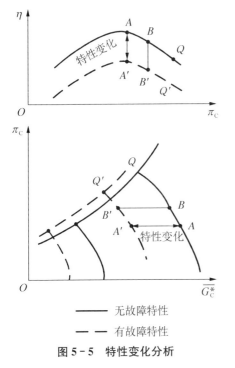

图 5-5 特性变化分析

第一部分对应于部件特性的变化。该部分是由故障等原因引起的，将直接导致运行点的重新匹配。

第二部分则是在相同运行条件下，由运行点的重新匹配过程引起的性能参数变化。

上述两部分并非都是独立变量。第二部是由第一部分引起，并不能代表故障引起的部件特性的变化。为了提高矩阵精度，第二部分必须从原小偏差方程组中消去。

图 5-5 解释了上述两部分变化的物理意义。压气机叶片结垢导致了特性的变化（图中的"特性变化"），相应的还有压比下降，效率下降和流量下降。A 点是无故障机组的设计点，其等转速线为 $\overline{QBA}$。B' 为性能下降后的机组设计点，其等转速线为 $\overline{Q'B'A'}$。设计点效率和流量损失的相对值可以表示为

$$\delta\overline{G_C^*} = \delta\overline{G_{C(B'A)}^*} = \delta\overline{G_{C(B'A')}^*} + \delta\overline{G_{C(A'A)}^*} \qquad (5-11)$$

$$\delta\eta_C = \delta\eta_{C(B'A)} = \delta\eta_{C(B'A')} + \delta\eta_{C(A'A)} \qquad (5-12)$$

式中，

$$\delta \overline{G_{\text{C}(B'A)}^*} = \frac{\overline{G_{\text{C}(B')}^*} - \overline{G_{\text{C}(A)}^*}}{\overline{G_{\text{C}(A)}^*}}, \quad \delta \overline{G_{\text{C}(B'A')}^*} = \frac{\overline{G_{\text{C}(B')}^*} - \overline{G_{\text{C}(A')}^*}}{\overline{G_{\text{C}(A)}^*}}, \quad \delta \overline{G_{\text{C}(A'A)}^*} = \frac{\overline{G_{\text{C}(A')}^*} - \overline{G_{\text{C}(A)}^*}}{\overline{G_{\text{C}(A)}^*}};$$

$$\delta \eta_{\text{C}(B'A)} = \frac{\eta_{\text{C}(B')} - \eta_{\text{C}(A)}}{\eta_{\text{C}(A)}}, \quad \delta \eta_{\text{C}(B'A')} = \frac{\eta_{\text{C}(B')} - \eta_{\text{C}(A')}}{\eta_{\text{C}(A)}}, \quad \delta \overline{\eta_{A'A}} = \frac{\eta_{\text{C}(A')} - \eta_{\text{C}(A)}}{\eta_{\text{C}(A)}};$$

$$\pi_{\text{C}(B)} = \pi_{\text{C}(B)}, \quad \pi_{\text{C}(A)} = \pi_{\text{C}(A')}$$

上述式子中 $\delta \overline{G_{\text{C}(A'A)}^*}$ 和 $\delta \eta_{\text{C}(A'A)}$ 称为特性变化量(即上述的第一部分)。它们代表的是部件性能下降,并且直接导致设计点从 A 转移到 B'。B' 是经过故障部件重新匹配而得到的。在匹配过程 $\overline{B'A'}$ 中产生了性能参数变化 $\delta \overline{G_{\text{C}(B'A')}^*}$ 和 $\delta \eta_{\text{C}(B'A')}$。以往的诊断工作中,由诊断矩阵 S 所得的 $\delta \overline{G_{\text{C}(B'A)}^*}$ 和 $\delta \eta_{\text{C}(B'A)}$ 用来表示部件的性能下降程度。因此,需要解决的问题就是提出新的求导诊断矩阵的方法,并且通过新的诊断矩阵得到真正的部件性能下降值 $\delta \overline{G_{\text{C}(A'A)}^*}$ 和 $\delta \eta_{\text{C}(A'A)}$。

等转速线可以定义为特性函数:

$$\overline{G_{\text{C}}^*} = \varphi_{\text{C}}(\pi_{\text{C}}) \tag{5-13}$$

$$\eta_{\text{C}} = \phi_{\text{C}}(\pi_{\text{C}}) \tag{5-14}$$

由上述两式可得:

$$\delta \overline{G_{\text{C}(B'A')}^*} \approx \delta \overline{G_{\text{C}(BA)}^*} = k_{\text{gc}} \delta \pi_{\text{C}(BA)} = k_{\text{gc}} \delta \pi_{\text{C}(B'A)} \tag{5-15}$$

$$\delta \eta_{\text{C}(B'A')} \approx \delta \eta_{\text{C}(BA)} = k_{\text{ec}} \delta \pi_{\text{C}(BA)} = k_{\text{ec}} \delta \pi_{\text{C}(B'A)} \tag{5-16}$$

这里的 k_{gc} 和 k_{ec} 是等转速线 $\overline{QBA}$ 上 A 点的斜率:

$$k_{\text{gc}} = \left[\frac{\delta \varphi(\pi_{\text{C}})}{\delta \pi_{\text{C}}}\right]_A, \quad k_{\text{ec}} = \left[\frac{\delta \phi(\pi_{\text{C}})}{\delta \pi_{\text{C}}}\right]_A \tag{5-17}$$

$$\delta \overline{G_{\text{C}}^*} = \delta \overline{G_{\text{C}(B'A)}^*} = k_{\text{gc}} \delta \pi_{\text{C}(B'A)} + \delta \overline{G_{\text{C}(A'A)}^*} \tag{5-18}$$

$$\delta \eta_{\text{C}} = \delta \eta_{\text{C}(B'A)} = k_{\text{ec}} \delta \pi_{\text{C}(B'A)} + \delta \eta_{\text{C}(A'A)} \tag{5-19}$$

此处 $\delta \pi_{\text{C}(B'A)} = \dfrac{\pi_{\text{C}(B')} - \pi_{\text{C}(A)}}{\pi_{\text{C}(A)}}$。

同样,涡轮中的性能变化可以表示为

$$\delta \overline{G_{\text{T}}^*} = \delta \overline{G_{\text{T}(B'A)}^*} = k_{\text{gt}} \delta \pi_{\text{T}(B'A)} + \delta \overline{G_{\text{T}(A'A)}^*} \tag{5-20}$$

$$\delta \eta_{\text{T}} = \delta \eta_{\text{T}(B'A)} = k_{\text{et}} \delta \pi_{\text{T}(B'A)} + \delta \eta_{\text{T}(A'A)} \tag{5-21}$$

此处:

$$\overline{G_{\text{T}}^*} = \varphi_{\text{T}}(\pi_{\text{T}})$$

$$\eta_{\text{C}} = \phi_{\text{T}}(\pi_{\text{T}})$$

$$\delta \overline{G_{\text{T}(B'A)}^*} = \frac{\overline{G_{\text{T}(B')}^*} - \overline{G_{\text{T}(A)}^*}}{\overline{G_{\text{T}(A)}^*}}, \quad \delta \overline{G_{\text{T}(A'A)}^*} = \frac{\overline{G_{\text{T}(A')}^*} - \overline{G_{\text{T}(A)}^*}}{\overline{G_{\text{T}(A)}^*}}$$

$$\delta\eta_{T(B'A)} = \frac{\eta_{T(B')} - \eta_{T(A)}}{\eta_{T(A)}}, \quad \delta\eta_{T(A'A)} = \frac{\eta_{T(A')} - \eta_{T(A)}}{\eta_{T(A)}}$$

$$\delta\pi_{T(B'A)} = \frac{\pi_{T(B')} - \pi_{T(A)}}{\pi_{T(A)}}, \quad k_{gt} = \left[\frac{\delta\varphi_T(\pi_T)}{\delta\pi_T}\right]_A, \quad k_{et} = \left[\frac{\delta\phi_T(\pi_T)}{\delta\pi_T}\right]_A$$

可以得到新的小偏差方程组,并可得新的诊断矩阵 S'(见表5-3)。

$$(k_2 k_{ec} - k_1 k_2)\delta\pi_C + \delta T_2 = -k_2\delta\eta_{C(A'A)} \tag{5-22}$$

$$\left(k_4 k_{et} + \frac{k_{gc}}{k_5} + k_3 k_4\right)\delta\pi_C - \frac{(k_5-1)}{k_5}\delta T_2 + \delta T_4$$

$$= -\frac{1}{k_5}\delta\overline{G_{C(A'A)}^*} - k_4\delta\eta_{T(A'A)} + \frac{1}{k_5}\delta\eta_B - \tag{5-23}$$

$$\left(\frac{1}{k_5} + k_3 k_4 + k_4 k_{et}\right)\delta\sigma_{in} - (k_3 k_4 + k_4 k_{et})\delta\sigma_{out} - (k_3 k_4 + k_4 k_{ct})\delta\sigma_B$$

$$\left[1 - \left(1 - \frac{1}{2k_5}\right)k_{gc} + k_{gt}\right]\delta\pi_C - \frac{(k_5-1)}{2k_5}\delta T_2$$

$$= \left(1 - \frac{1}{2k_5}\right)\delta\overline{G_{C(A'A)}^*} - \delta\overline{G_{T(A'A)}^*} + \left(\frac{1}{2k_5} - 1\right)\delta\eta_B - \left(\frac{1}{2k_5} + 1\right)\delta\sigma_{in} - \delta\sigma_{out} - \delta\sigma_B$$

$$\tag{5-24}$$

$$\delta N_E + \left[(k_6-1)k_1 - k_6 k_3 - \left(1 - \frac{k_6}{k_5}\right)k_{gc} - (k_6-1)k_{ec} - k_6 k_{et}\right]\delta\pi_C - \frac{k_6(k_5-1)}{k_4}\delta T_2$$

$$= \left(1 - \frac{k_6}{k_5}\right)\delta\overline{G_{C(A'A)}^*} + (k_6-1)\delta\eta_{C(A'A)} + k_6\delta\eta_{T(A'A)} + $$

$$\frac{k_6}{k_5}\delta\eta_B + \left(1 - \frac{k_6}{k_5} + k_6 k_3 + k_6 k_{et}\right)\delta\sigma_{in} + (k_6 k_3 + k_6 k_{et})\delta\sigma_{out} + (k_6 k_3 + k_6 k_{ct})\delta\sigma_B$$

$$\tag{5-25}$$

表5-3　诊断矩阵 S'

	$\delta\overline{G_{C(A'A)}^*}$	$\delta\eta_{C(A'A)}$	$\delta\overline{G_{T(A'A)}^*}$	$\delta\eta_{T(A'A)}$
δN_E	−0.163 4	0.558 507	−0.222 51	2.086 59
$\delta\pi_C$	0.629 996	−0.092 94	−0.964 64	0
δT_2	0.224 473	−0.557 43	−0.308 08	0
δT_4	−0.472 07	−0.219 66	−0.077 02	−0.714 45

5.3.2.2　基于模型的气路分析算法

在燃气轮机稳态运行过程中,其测量参数 z 和状态参数 x 可以通过一个非线性方程来表示:

$$z = F(x) + v \qquad (5-26)$$

式中，v 为测量噪声。其中基于非线性模型的诊断方法的思路如图 $5-6$ 所示。其中燃机的部件参数 x 决定了燃机的状态，该状态变化表现为测量参数 z 的变化。通过初始假定一个部件参数 $\hat{x}$，则燃机模型可以通过仿真获得预测测量参数 $\hat{z}$ 的最优化过程，就是通过使下面的目标函数最小以达到诊断的效果。

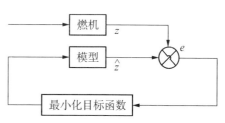

图 $5-6$　最优化思想的故障诊断原理

$$objectionFun = \sum \phi(\| z_i - \hat{z}_i \|) \qquad (5-27)$$

其中目标函数即为实际测量参数 z 和预测参数 $\hat{z}$ 的偏差量，通过调整 $\hat{x}$ 使目标函数最小即获得了预测的系统部件参数 $\hat{x}$，实现诊断的目的。

其中目标函数的分成不同的类型，如绝对值型，平方型等分别如下：

$$objectionFun = \sum | z_i - \hat{z}_i |$$
$$objectionFun = \sum (z_i - \hat{z}_i)^2 \qquad (5-28)$$

在 Marco Zedda 文献[15]中比较这两种目标函数在最优化过程中的分类效果，说明第二个目标函数的效果更好，因此本章节采用第二个目标函数进行求解。

在实际诊断过程中向量 z 包含两部分：一部分为传感器的测量参数；另一部分为系统自身的匹配特性，包括质量守恒、能量守恒等。

燃气轮机性能仿真模型可以使用 4.3 节介绍的模型，最优化搜索算法这里采用粒子群优化算法（particle swarm optimization，PSO）。PSO 是一种进化计算技术，1995 年由 Eberhart 和 kennedy 提出，源于对鸟群捕食的行为研究[16]。该算法最初是受到飞鸟集群活动的规律性启发，进而利用群体智能建立的一个简化模型。粒子群算法在对动物集群活动行为观察基础上，利用群体中的个体对信息的共享使整个群体的运动在问题求解空间中产生从无序到有序的演化过程，从而获得最优解。PSO 是一种基于迭代的优化算法，系统初始化为一组随机解，粒子在解空间追随最优的粒子进行搜索，通过迭代搜寻最优值，简单容易实现并且没有许多参数需要调整。其基本思想是：将所优化问题的每一个解称为一个微粒，每个微粒在 n 维搜索空间中以一定的速度飞行，通过适应度函数来衡量微粒的优劣，微粒根据自己的飞行经验以及其他微粒的飞行经验，来动态调整飞行速度，以期向群体中最好微粒位置飞行，从而使所优化问题得到最优解。

PSO算法描述为:假设搜索空间为 d 维,种群中有 N_p 个粒子,那么群体中的粒子 i 在第 t 代的位置表示为一个 d 维向量 $\boldsymbol{x}_{ti} = (x_{ti1}, x_{ti2}, \cdots, x_{tid})$。粒子的速度定义为位置的改变,用向量 $\boldsymbol{v}_{ti} = (v_{ti1}, v_{ti2}, \cdots, v_{tid})$ 表示。粒子 i 的速度和位置更新可以得到:

$$v_{k+1} = w \times v_k + c_1 \times rand \times (Pbest_k - x_k) + c_2 \times rand \times (Gbest_k - x_k)$$
$$(5-29)$$

$$x_{k+1} = v_{k+1} + x_k \qquad (5-30)$$

在第 t 代,粒子 i 在 d 维空间中所经历过的"最好"位置记为 $\boldsymbol{p}_{ti} = (p_{ti1}, p_{ti2}, \cdots, p_{tid})$;粒子群中"最好"的粒子位置记为 $\boldsymbol{p}_{tg} = (p_{tg1}, p_{tg2}, \cdots, p_{tgd})$;$w$ 为惯性系数;c_1 和 c_2 为加速系数,参数 w、c_1、c_2 的取值依赖于具体问题。

5.3.2.3 基于数据的气路分析算法

应用基于数据的燃气轮机气路故障诊断方法以期摆脱对燃气轮机模型准确性的苛刻要求,应用积累的故障记录与运行数据实施燃气轮机气路故障诊断。神经网络是目前基于数据的燃气轮机气路故障诊断方法的研究热点,然而应用基于神经网络的气路故障诊断,带来了新的难题,即需要大量的样本点来训练神经网络,以保证诊断精度,而实际上样本点的积累是十分缓慢的。

支持向量机是一种基于统计学习理论的非线性机器学习方法,适用于分类或者回归问题。其特点是当训练样本的样本数目较小时,在模型的复杂性和学习能力之间寻求最佳折中,保持良好的推广能力,可期充分挖掘有限的故障数据中包含的内在信息,解决过往基于数据的气路故障诊断方法诊断精度低的问题。因此下面将介绍支持向量机的算法以及如何将支持向量机引入燃机气路故障诊断。

1) 结构风险最小化原则

经验风险指分类器在样本数据上的分类结果与真实结果的差值。传统机器学习方法,如最大似然法、最小二乘法等均追求经验风险最小化。然而追求经验风险最小化并不总能达到最佳的效果,一味地增加模型复杂性以降低经验风险会产生过学习问题,导致模型推广能力极差。实际上,机器学习的实际风险 R_r 由两部分组成,即经验风险 R_{emp} 与置信风险 R_{con}[17](见图 5-7)。

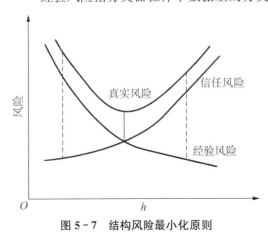

图 5-7 结构风险最小化原则

$$R_r \leqslant R_{emp} + R_{con} \qquad (5-31)$$

式中,经验风险是分类器在给定样本上的误差;置信风险是对未知样本分类结果的信任程度。顾名思义,结构风险最小化(structure risk minimization,SRM)原则需要兼顾经验风险与置信风险,追求最小的实际风险。

2) 支持向量机模型建立

支持向量机(support vector machine,SVM)是 Vapnik 等人在 SRM 原则下构造的一种学习机器。其模式识别的策略为保持经验风险固定,最小化置信范围。这里评估置信风险时,需引入 VC 维(Vapnik-Chervonenkis dimension)的概念。

VC 维:对一个指标函数集,如果存在 h 个样本能够被函数集中的函数按所有可能的 2^h 种形式分开,则称函数集能够把 h 个样本打散;函数集的 VC 维就是它能打散的最大样本数目 h。故 VC 维越大,分类函数越复杂,置信范围越大,置信风险越大。

假设训练样本如下所示:

$$T = \{(\boldsymbol{x}_1, y_1), \cdots, (\boldsymbol{x}_n, y_n)\} \in (X \times Y)^n \tag{5-32}$$

$$\boldsymbol{x}_i \in X = \mathbf{R}^n, y \in Y = \{1, \cdots, M\}, i = 1, \cdots, n \tag{5-33}$$

如果训练样本中的各样本点可以被某超平面划分,假设超平面的函数为[18]

$$(\boldsymbol{w} \cdot \boldsymbol{x}) + b = 0 \quad \boldsymbol{w} \in \mathbf{R}^N, b \in \mathbf{R} \tag{5-34}$$

分类器模型为

$$f(x) = \text{sign}((\boldsymbol{w} \cdot \boldsymbol{x}) + b) \tag{5-35}$$

当离超平面最近的异类向量与超平面间的距离最大时,该超平面为最优超平面,而离其最近的异类向量被称为支持向量。故一组确定的支持向量可以唯一确定一个最优超平面,且需满足:

$$\text{Max}_{(\boldsymbol{w}, b)} \min \{\|\boldsymbol{x} - \boldsymbol{x}_i\| : \boldsymbol{x} \in \mathbf{R}^N, (\boldsymbol{w} \cdot \boldsymbol{x}) + b = 0, i = 1, \cdots, n\}$$
$$\tag{5-36}$$

基于最优化理论中的二次规划,上式的求解过程可以转化为一个 Wolf 对偶最优化问题。采用 Lagrange 函数:

$$\text{L}(\boldsymbol{w}, b, \alpha) = \frac{1}{2} \|\boldsymbol{w}\|^2 - \sum_{i=1}^{n} \alpha_i (y_i \cdot ((w \cdot x_i) + b) - 1) \tag{5-37}$$

其中,Lagrange 乘子 $\alpha_i > 0$,因此有

$$\frac{\partial \text{L}}{\partial b} = 0 \tag{5-38}$$

$$\frac{\partial L}{\partial \boldsymbol{w}} = 0 \tag{5-39}$$

即

$$\sum_{i=1}^{n} \alpha_i y_i = 0 \tag{5-40}$$

$$\boldsymbol{w} = \sum_{i=1}^{n} \alpha_i y_i \boldsymbol{x}_i \tag{5-41}$$

可得 Lagrange 乘子 α_i 的 Wolf 对偶问题,其解如下:

$$\max_{\alpha} \sum_{i=1}^{n} \alpha_i - \frac{1}{2} \sum_{i,j=1}^{n} \alpha_i \alpha_j y_i y_j (\boldsymbol{x}_i \cdot \boldsymbol{x}_j)$$

$$\alpha_i \geqslant 0, \ i = 1, \cdots, n, \ \sum_{i=1}^{n} \alpha_i y_i = 0 \tag{5-42}$$

因此,解得 SVM 分类器模型为

$$f(x) = \mathrm{sign}\Big(\sum_{i=1}^{n} \alpha_i y_i (\boldsymbol{x} \cdot \boldsymbol{x}_i) + b\Big) \tag{5-43}$$

$$b = \frac{1}{|I|} \sum_{i \in I} \Big(y_i - \sum_{j=1}^{n} \alpha_j y_j (\boldsymbol{x}_i \cdot \boldsymbol{x}_j)\Big) \quad i \in I \equiv \{i : \alpha_i \neq 0\} \tag{5-44}$$

3) 核函数

上文假设线性超平面可以进行模式识别,介绍了 SVM 分类器模型的建立方法。对于非线性的分类曲面可以通过确定好的映射将输入向量映射到一个高维特征空间,在空间中构建最优超平面。而采用核函数(Kernel function)可以避免高维空间中的复杂运算。

$$K(x_i, x_j) = \boldsymbol{\Psi}(x_i) \cdot \boldsymbol{\Psi}(x_j) \tag{5-45}$$

式中,$\boldsymbol{\Psi}$ 为该映射关系。选择不同的核函数就可以生成相应的支持向量机。本文研究如表 5-4 所示的 4 种常见核函数。

表 5-4　本文采用的 4 种核函数

核函数	$K(x, x_i)$
线性	$x^{\mathrm{T}} \cdot x_i$
多项式	$[(x^{\mathrm{T}} \cdot x_i) + \eta]^{\gamma}$
径向基	$\exp(-\gamma \| x - x_i \|^2)$
S 函数(Sigmoidal function)	$\tanh(\gamma(x^{\mathrm{T}} \cdot x_i) + \eta)$

5.3.3　气路故障判据

综上所述,各类热参数故障反映在热力参数上有明显的特征和标志。从各种文献资料[19—23]分析中可看出发生了热参数故障后,涡轮或压气机在特性参数折合转速和压比相同的情况下,会发生折合流量和效率的变化。各种不同类型的热参数故障会引起折合流量和效率的不同变化。整理许多作者在这方面的研究工作,可以将单故障判据列于表 5-5。

表 5-5　总结文献中列出故障判据表

故障类型		部件特性的变化			
压气机	叶片结垢	G_C 下降 2.5% η_C 下降 1%	G_C 下降 4% η_C 下降 1%	G_C 下降 1.2% η_C 下降 1.3%	G_C 下降 5% η_C 下降 2.5%
	叶片顶端间隙增大	G_C 下降 0.6%, η_C 下降 1.6%			
	叶片外物损伤	η_C 下降 2%, G_C 下降 2.5%		η_C 下降 5%	
涡轮	叶片结垢	η_T 下降 1.4%			
	叶片腐蚀	η_T 下降 1%, G_T 增加 2%		G_T 增加 2%	
	叶片受外来物损伤	η_T 下降 1.5%		η_T 下降 5%	
	喷嘴腐蚀	η_T 下降 0.5%, G_T 增加 0.5%			

将表 5-5 整理简化为表 5-6。

表 5-6　单故障判据的范围

故障类型		折合流量	效率
压气机	叶片结垢	[−7%, −2%]	[−2.5, −1%]
	叶片顶端间隙增大	−4%	
	叶片磨损		−2%
	叶片受外物损伤	[−2.5%, 0]	[−5%, −2%]
涡轮	喷嘴腐蚀	[0.5%, 6%]	[−0.5%, 0]
	叶片结垢	[−6%, 0%]	[−2%, 0%]
	叶片磨损	[2%, 6%]	[−2%, −1%]
	叶片受外物损伤		[−5%, −1.5%]

因各种机组型式(单轴、双轴或三轴)不同,运行情况不同(在地面或空中应用,

地面又分为海拔高度不同、地域不同），结构类型不同。不同类型具体机组在不同环境下运行时会有不同的故障判据，为了研究方面起见，在表 5-6 的取值范围内，选取了典型的故障判据，列为表 5-7。

表 5-7 单故障判据

故障类型	部件效率和折合流量的变化	
压气机叶片结垢	G_C 下降 7%	η_C 下降 2%
压气机顶端间隙增大	G_C 下降 4%	
压气机叶片磨损和腐蚀		η_C 下降 2%
压气机叶片受外来物损伤	G_C 下降 1%	η_C 下降 5%
涡轮喷嘴腐蚀	G_T 增加 4%	
涡轮叶片结垢	G_T 下降 6%	η_T 下降 2%
涡轮叶片磨损	G_T 增加 6%	η_T 下降 2%
涡轮叶片受外来物损伤		η_T 下降 5%

通过确定各类故障的故障判据，就可以将部件特性的变化与故障联系起来，如压气机叶片结垢，可以在压气机的压比-折合流量特性图上，在相同的折合转速和压比条件下，将折合流量减少 7%，效率减少 2.5%。

今后，各台具体的燃气轮机机组故障判据的选取要根据该机组的运行实践对上述判据进行修改和补充。但上述判据的修改并不影响故障诊断模型和识别方法的正确性。

除了典型的单故障，具有多个部件且长期运行在恶劣环境中的燃气轮机也会经常发生复合故障。复合故障既包括不同部件分别发生单故障，例如压气机发生叶片结垢及涡轮发生叶片磨损；也包括同一部件发生多种单故障，如涡轮发生叶片结垢和喷嘴腐蚀。

由前面的分析可知，故障本身只会引起特性线在等折合转速和等压比或膨胀比下的移动。故不同部件同时发生单故障与同一部件发生单故障时的复合故障判据均相当于每个部件分别发生单故障时的故障判据的叠加。因此，根据上述分析，可以得出燃气轮机的各个部件在运行时可能发生的复合故障的故障判据。以压气机叶片结垢以及外来物损伤复合故障的故障判据为例，由上述分析可知，该复合故障的故障判据相当于压气机叶片结垢以及压气机叶片受外来物损伤这两种单故障判据的叠加。即压气机折合流量的下降量等于 7%＋1%，而效率的下降量等于 2%＋5%。

表5-8为压气机发生两种单故障时的复合判据。

表5-8 压气机发生两种单故障时的复合判据

故障类型	折合流量/%	效率/%
叶片结垢及顶端间隙增大	-11	-2
叶片结垢及磨损和腐蚀	-7	-4
叶片结垢及外来物损伤	-8	-7
顶端间隙增大及叶片磨损和腐蚀	-4	-2
顶端间隙增大及外来物损伤	-5	-5
叶片磨损和外来物损伤	-1	-7

表5-9为涡轮发生两种单故障时的复合判据。

表5-9 涡轮发生两种单故障时的复合判据

故障类型	折合流量/%	效率/%
喷嘴腐蚀及叶片结垢	-2	-2
喷嘴腐蚀及叶片腐蚀	10	-2
喷嘴腐蚀及外来物损伤	4	-5
叶片结垢及叶片腐蚀	0	-4
叶片结垢及外来物损伤	-6	-7
叶片腐蚀及外来物损伤	6	-7

表5-10为压气机和涡轮分别发生单故障时的复合判据。

表5-10 压气机和涡轮分别发生单故障时的复合判据

故障类型	压气机折合流量/%	压气机效率/%	涡轮折合流量/%	涡轮效率/%
压气机叶片结垢 涡轮喷嘴腐蚀	-7	-2	4	0
压气机叶片结垢 涡轮叶片腐蚀	-7	-2	6	-2
压气机叶片结垢 涡轮外来物损伤	-7	-2	0	-5

（续表）

故障类型	压气机折合流量/%	压气机效率/%	涡轮折合流量/%	涡轮效率/%
压气机叶片结垢 涡轮叶片结垢	−7	−2	−6	−2
压气机顶端间隙增大 涡轮喷嘴腐蚀	−4	0	4	0
压气机顶端间隙增大 涡轮叶片腐蚀	−4	0	6	−2
压气机顶端间隙增大 涡轮外来物损伤	−4	0	0	−5
压气机顶端间隙增大 涡轮叶片结垢	−4	0	−6	−2
压气机叶片磨损和腐蚀 涡轮喷嘴腐蚀	0	−2	4	0
压气机叶片磨损和腐蚀 涡轮叶片腐蚀	0	−2	6	−2
压气机叶片磨损和腐蚀 涡轮外来物损伤	0	−2	0	−5
压气机叶片磨损和腐蚀 涡轮叶片结垢	0	−2	−6	−2
压气机外来物损伤 涡轮喷嘴腐蚀	−1	−5	4	0
压气机外来物损伤 涡轮叶片腐蚀	−1	−5	6	−2
压气机外来物损伤 涡轮外来物损伤	−1	−5	0	−5
压气机外来物损伤 涡轮叶片结垢	−1	−5	−6	−2

　　上述各表只列出了双故障完全发生时的部件特性变化值,但实际运行过程中机组还可能同时发生三种故障或四种故障,并且其中某几种故障可能并未完全发生;例

如可能发生压气机叶片结垢故障严重程度 50%,压气机顶端间隙增大故障严重程度 50%,压气机叶片磨损和腐蚀故障严重程度 50%,压气机叶片受外来物损伤故障严重程度 0%的情况,此时的压气机折合流量特性将下降 6%,而压气机效率特性将下降 2%。

5.3.4 气路故障诊断实例

本节分别以线性气路分析算法和基于数据的气路分析算法为例,应用 5.3.1 节所提到的方法,进行气路故障诊断。

5.3.4.1 线性气路分析

针对某一判断为压气机顶端间隙程度为 25% 的故障进行分析,$\delta \overline{C_C^*} = -1\%$,$\delta \eta_C = \delta \overline{C_T^*} = \delta \eta_T = 0$,通过诊断矩阵 S 和 S' 可以计算得到两组测量参数估算值。图 5-8 为诊断矩阵 S 和 S' 计算所得 π_C 和 N_E 的估算误差比较,图中 α_1 和 α_2 为相对误差百分比。当压气机流量特性相对变化达到 10% 时,诊断矩阵 S 的 π_C 估算误差大于 2%,而诊断矩阵 S' 将 α_1 降低到 0.5% 以下。其他各参数的估算情况也类似:矩阵 S' 的估算误差要小于矩阵 S 的估算误差,而且随着部件性能相对变化增大,矩阵 S 的估算误差的增长速度要大于矩阵 S' 的估算误差的增长速度。

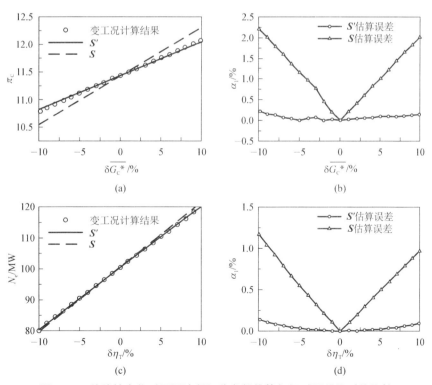

图 5-8 单特性变化时不同诊断矩阵参数估算与相对误差绝对值比较

基于线性气路分析可得部件性能参数降级,与故障判据对比后可得气路故障及其程度,确定燃机的维护需求。

5.3.4.2 基于数据的气路故障诊断

本节设计了一种支持向量机的诊断框架。应用本文提出的基于 SVM 的故障诊断框架,对某单轴燃气轮机进行故障诊断。该单轴燃气轮机的设计点参数如表 5-11 所示。

表 5-11　某单轴工业燃气轮机的设计点参数

参数	数值
压气机压比	17.02
功率/MW	260
涡轮排气温度/℃	635.32
燃料量/(kg/s)	15.06

该框架下考虑表 5-12 中列出的 8 种故障模式,考虑每种故障模式的程度有三种状态:0%、50% 和 100%,并将其组合成表 5-13 中的 8 种健康状态。目标燃气轮机的运行表明 99% 以上的时间属于这 8 种健康状态中的一种,具体划分应根据研究对象的具体情况处理。

表 5-12　燃气轮机的 8 种主要气路故障

故障编号	故障名称	故障编号	故障名称
A	压气机叶片结垢	E	涡轮叶片腐蚀
B	压气机叶片顶端间隙增加	F	涡轮叶片结垢
C	压气机叶片磨损或腐蚀	G	涡轮叶片磨损
D	压气机叶片被异物损伤	H	涡轮叶片被异物损伤

表 5-13　燃气轮机的 8 种健康状态

状态编号	A	B	C	D	E	F	G	H
1	—	—	—	—	—	—	—	—
2	50%	—	—	—	—	—	—	—
3	100%	—	—	—	—	—	—	—

（续表）

状态编号	A	B	C	D	E	F	G	H
4	50％	—	50％	—	50％	50％	50％	—
5	100％	—	50％	—	50％	50％	50％	—
6	100％	50％	50％	—	50％	50％	50％	—
7	—	—	—	100％	—	—	—	—
8	—	—	—	—	—	—	—	100％

　　本文设计的诊断框架如图 5-9 所示。在该框架下进行气路故障诊断可有效保证超平面的分割区域在高维空间中不会产生重合；每一种故障模式有三种状态，可为维护工作的安排留出预备时间；完成一次诊断过程需要用来进行模式识别的支持向量机仅有 3 个，大大提高了诊断速度。

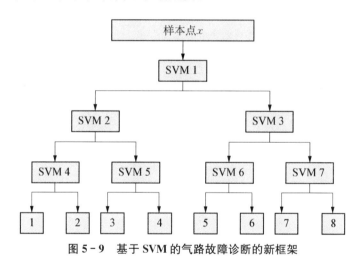

图 5-9　基于 SVM 的气路故障诊断的新框架

　　按照以下步骤进行：

　　（1）通过燃气轮机仿真模型随机在不同状态下（大气环境与功率）仿真出若干组数据，其中每一组数据应包含燃气轮机的故障模式与程度（健康状态编号）、传感器读数（具体为大气温度、大气压力、大气压力、燃机功率、压气机排气温度、涡轮排气温度）。

　　（2）将仿真出的数据随机分成两个数据集，即训练样本和测试样本。每一组数据为一个样本点。

　　（3）用训练样本按照图 5-10 建立的识别框架建立基于 SVM 的气路故障诊断模型。

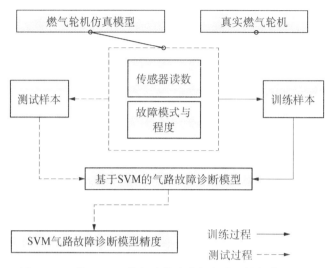

图 5-10　基于 SVM 的气路故障诊断方法评估与应用流程

（4）用测试样本测试模型的精确度。

（5）整定好模型参数并验证了诊断精度后,可期用该模型对该型号的燃气轮机进行气路故障诊断。

本节随机仿真了两个训练样本,样本 1(样本容量为 400)和样本 2(样本容量为 144)。用相同的测试样本 3(样本容量为 48),对样本 1 和样本 2 进行机器学习建立的模型进行测试。针对每一训练样本分别用线性、三次多项式、径向基和 S 函数作为核函数,建立 SVM 模型,并求取每一模型的最优参数、诊断精度和支持向量数,如表 5-14 所示。多项式核函数中以三次多项式精度最高、支持向量数最少,故以其为代表。

表 5-14　某单轴工业燃气轮机的设计点参数

训练样本编号	核函数	最优参数 γ	诊断精度/%	支持向量数
样本 1	线性	0.25	89.58	217
	三次多项式	1	93.75	122
	径向基	1.2	93.75	199
	S 函数	0.1	66.67	230
样本 2	线性	0.32	70.83	91
	三次多项式	1	64.58	82
	径向基	1.2	91.67	88
	S 函数	0.1	43.75	95

5.4　小结

气路的维护是保障燃气轮机完成其设计功能的核心部分,本章从气路的功能与组成开始,对气路故障进行了 RCM 分析。归纳分析了引发气路故障的因素、主要气路故障及其对部件性能的影响,并以此为基础对燃气轮机气路进行了 FMECA 分析。分析中发现,燃气轮机气路故障需要通过状态监测与故障诊断技术实现视情维护,因此,探索了燃气轮机气路性能分析方法和气路故障判据,并将相关方法应用于实际燃气轮机的故障诊断中。

参 考 文 献

［1］ Zhou D J, Zhang H S, Weng S L. A new gas path fault diagnostic method of gas turbine based on support vector machine［J］. Journal of Engineering for Gas Turbines and Power. 2015,137(10):102605 - 102605 - 6.

［2］ 翁史烈. 燃气轮机与蒸汽轮机[M].上海:上海交通大学出版社,1996.

［3］ GE. LM2500＋HSPT 技术说明、运行及维修手册[S].通用电气石油部,2003.

［4］ Kur R, Brun K. Degradation in gas turbine systems［J］. Journal of Engineering for Gas Turbines and Power. 2001,123(2):70 - 77.

［5］ Saravanamuttoo H I H. Gas path analysis for pipeline gas turbines［C］//Gas Turbine Operations and Maintenance Symposium, National Research Council of Canada, 1974.

［6］ Mathioudakis K, Tsalavoutas A. Uncertainty reduction in gas turbine performance diagnostics by accounting for humidity effects［C］//ASME Turbo Expo 2001: Power for Land, Sea, and Air. American Society of Mechanical Engineers, 2001: V004T04A003 - V004T04A003.

［7］ Ganguli R. Application of fuzzy logic for fault isolation of jet engines［J］. ASME Journal of Engineering for Gas Turbines and Power, 2003,125(3):617 - 623.

［8］ Borguet S, Dewalle P. On-line transient engine diagnostics in a kalman filtering framework［C］//ASME Turbo Expo 2005: Power for Land, Sea, and Air. American Society of Mechanical Engineers, 2005:473 - 481.

［9］ Li Y G. Performance-analysis-based gas turbine diagnostics: A review［J］. Proceedings of the Institution of Mechanical Engineers, Part A: Journal of Power and Energy, 2002:363 - 77.

［10］ Mathioudakis K, Kamboukos P. Assessment of the effectiveness of gas path diagnostic schemes［J］. Journal of Engineering for Gas Turbines and Power, 2006,128

(1)：57 - 63．

[11] Staples L J, Sravanamuttoo H I H. An engine analyzer program for helicopter turboshaft power plants [C]//NATO/AGARD Specialists Meeting in Diagnostics and Engine Condition Monitoring：1974．

[12] Pettigrew J L. Effective turbine engine diagnostics [C]//Autotestcon Proceedings, 2001. IEEE Systems Readiness Technology Conference. IEEE，2001：441 - 458．

[13] Doel D L. TEMPER：a gas-path analysis tool for commercial jet engines [J]. Journal of Engineering for Gas Turbines and Power，1994,116(1)：82 - 89．

[14] 夏迪．基于热参数的燃气轮机故障诊断与试验研究[D]．上海：上海交通大学,2007．

[15] Zedda M. Gas turbine engine and sensor fault diagnosis using optimization techniques [J]. Journal of Propulsion and Power，2002,18(5)：1019 - 1025．

[16] Kennedy J，Eberhart R C. Particle swarm optimization [C]//In：Proceedings of the IEEE International Conference on Neural Networks，IV. IEEE Service Center，Piscataway，NJ，1995：1942 - 1948．

[17] Vapnik V. The Nature of Statistical Learning Theory [M]. New York：Springer Verlag，1995．

[18] 谢芳芳．基于支持向量机的故障诊断方法[D]．长沙：湖南大学,2006．

[19] Merrington G，Kwon O K，Goodwin G. Fault detection and diagnosis in gas turbines [J]. Journal of Engineering for Gas Turbines and Power. 1991,113(2)：276 - 282．

[20] Kurosaki M，Morioka T，Ebina K. Fault detection and identification in an IM270 gas turbine using measurements for engine control [J]. Journal of Engineering for Gas Turbines and Power，2004,126(4)：726 - 732．

[21] Diao Y，Passino K M. Fault diagnosis for a turbine engine [J]. Control Engineering Practice，2004,12(9)：1151 - 1165．

[22] Daley S，Wang H. Fault diagnosis in fluid power systems [J]. Engineering Simulation，1996,13(6)：993 - 1008．

[23] Merrington G L. Fault diagnosis in gas turbines using a model-based technique [J]. Journal of Engineering for Gas Turbines and Power. 1994,116(2)：374 - 380．

第6章 基于结构强度故障的燃气轮机维护策略

燃气轮机的结构强度故障是指发生在燃气轮机的大部分机械结构和部件中，使其产生形变或机械损伤的，引起机组不正常振动并影响正常运行的故障。从燃气轮机结构强度故障部位来看，故障往往发生在燃气轮机的转子或与其相关的结构当中，由于多数机组具有大尺寸、高转速等特点，这些机械故障往往导致破坏性的机械损伤，引起停机甚至机组报废，造成严重后果。

振动信号的特征与变化规律可用于旋转机械故障的判别，已有进行监测与分析的成熟理论与工具。因此，选用振动信号作为故障诊断的推理基础，实时评估故障发生的状况或征兆。归纳每一种故障对应的振动特性变化，形成故障判据，就可以在运行中诊断出结构强度故障的位置与类型。本章将针对燃气轮机的结构强度故障进行 RCM 分析。

6.1 燃气轮机机械结构与功能概述

燃气轮机是一种旋转式的内燃动力机械，是一种结构复杂的涡轮机械。结构强度相关部件是燃气轮机本体的主要组成部分，也是燃气轮机输出机械功的主要部件。工业燃气轮机通常需要在大功率、变负载、高转速、高稳定性等条件下长期运行，对结构强度的设计以及运行中的监测和结构强度的故障处理有着很高的要求。

由于燃气轮机结构和工作条件十分复杂，其故障类型非常多；众多的故障可以归类为结构强度故障、性能故障和附件系统故障。其中结构强度故障最为常见，资料表明其约为全部故障的 60%～70%。

燃气轮机的机械结构主要由压气机、燃烧室、涡轮、轴承与转子系统等组成，如图 6-1 所示。

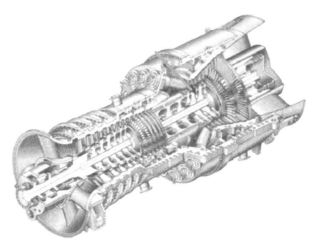

图 6 - 1　燃气轮机典型结构(西门子 SGT5 - 8000H)

压气机:主要由进气机匣、静子及叶片、转子及叶片等组成,如图 6 - 2 所示。

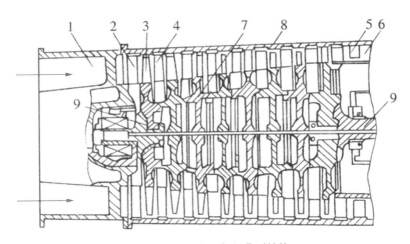

图 6 - 2　轴流式压气机典型结构

1—进口收敛器;2—进口导流器;3—工作叶轮;4—扩压时列;5—出口导流器;6—出口扩压器;7—转子;8—气缸(或机匣);9—端轴

涡轮:主要由涡轮气缸(或机匣)、涡轮静子及叶片、涡轮转子及叶片组成,如图 6 - 3 所示。

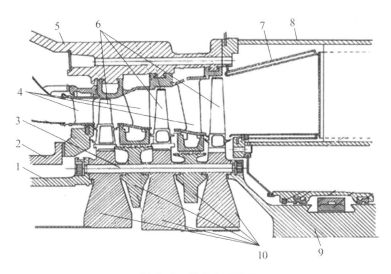

图 6-3　涡轮典型结构

1—过渡轴;2—压气机后气缸;3—拉杆螺栓;4—各级静叶;5—透平气缸;6—各级动叶;7—排气扩压器;8—排气扩压器机匣;9—透平后半轴;10—各级以及级间轮盘

　　燃烧室:燃气轮机燃烧室由外壳(套)、火焰筒、喷(油)嘴、涡流器、点火装置等组成。燃烧室按结构形式主要分为管形燃烧室、环形燃烧室和环管形燃烧室,如图 6-4 所示。

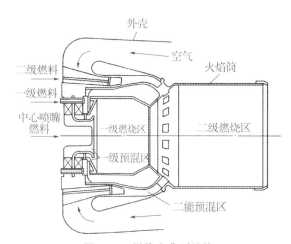

图 6-4　燃烧室典型结构

　　轴承:主要分为支承轴承和推力轴承。支承轴承主要用来承担转子重量以及剩余不平衡重量产生的离心力;推力轴承主要用来确定转子在气缸中的轴向位置并承受转子的轴向推力,如图 6-5 所示。

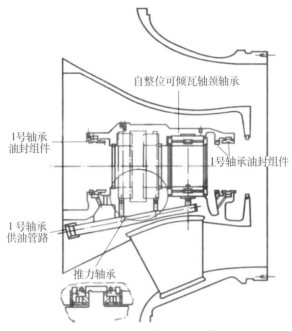

图 6-5 推力轴承典型结构

转子系统：转子系统主要由燃气轮机的主轴与转子组成，详细结构因燃机型号而各有不同，根据转子层数可以分为单转子、双转子以及三转子等几种类型，根据结构与工艺又可以分为拉杆转子、整锻转子等许多种不同的结构，相应地不同种转子上的零部件也大有不同。以双轴燃气轮机为例，其转子结构如图 6-6 所示。

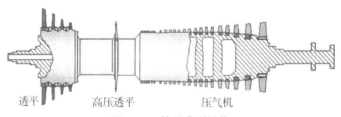

图 6-6 转子典型结构

6.2 燃气轮机结构强度相关故障分析

燃气轮机结构较一般的涡轮机械复杂，其结构强度故障类型整体上具有一定的特殊性。通过阅读整理大量国内外相关文献，针对燃气轮机的重要组成构件压气机、燃烧室、涡轮、轴承及转子系统，归纳总结了不同故障模式的现象、原因及后果,作为后续研究的基础。

6.2.1　燃气轮机结构强度故障模式

按照燃气轮机结构来对燃气轮机实际可能发生的故障进行分类整理,可以归纳出燃气轮机结构强度故障模式及产生机理[2,3,4]。

1) 压气机叶片裂纹、断裂

叶片裂纹、断裂故障产生的原因有 5 种:

(1) 叶片气弹失稳出现颤振。

(2) 叶片共振导致高频疲劳损伤。燃气轮机工作时气体压力不均衡会导致叶片振动,当激振频率与叶片固有频率接近时,叶片会出现共振。如果叶片阻尼不够,或激振力较大,叶片振动应力相应较高,经过一定循环次数,会导致叶片疲劳而产生裂纹。

(3) 叶片工艺质量不良。叶片工艺上未满足设计要求,导致疲劳寿命降低。如排气边缘 R 小且不圆,造成应力集中;叶身表面粗糙,有抛光留下砂痕,造成该部的应力集中;使用中叶片表面受腐蚀严重;另外叶片的材质、锻造工艺等对此也有很大影响。

(4) 装配时,间隙控制不良,导致在承受较大不平衡载荷时,叶片与机匣发生非正常碰磨;装配时,没有严格控制安装间隙,导致间隙过小,如果燃气轮机转子承受较大轴向或径向不平衡载荷(制式起动或喘振时),叶片尖端位移量较大,磨穿涂层直接与机匣金属严重刮蹭,导致叶片裂纹、断裂。

(5) 外物损伤。

2) 燃烧室组件故障

燃烧室组件故障模式有火焰筒裂纹、燃烧室出口温度场不均匀等。故障产生的原因主要是燃油雾化不良,周向分布不均匀或火焰筒进气孔进气量不合理。

3) 涡轮叶片裂纹、断裂

涡轮叶片裂纹、断裂故障产生原因有 3 种:

(1) 涡轮叶片高频振动疲劳,该故障的产生原因与风扇叶片振动疲劳相同。

(2) 涡轮叶片产生晶界腐蚀开裂,产生晶界裂纹。

(3) 外物损伤。

4) 涡轮叶片烧蚀

涡轮叶片烧蚀主要是因为燃烧室内燃油与空气不匹配或燃油分布不均,导致燃烧室出口温度场不均匀度过大,局部温度超过涡轮叶片材料容许最大温度值而发生。

5) 涡轮盘裂纹故障

涡轮盘裂纹大部分发生在涡轮盘叶片榫槽、篦齿、中心孔边部位以及盘体含有夹杂物部位。由于轮盘形状比较复杂,故在工作中经常出现一些局部应力集中的高应力部位,如轮盘叶片榫槽槽底、榫槽齿根等部位,如有腐蚀介质作用,应力变化幅值足够大,在一定循环寿命后,则可能出现裂纹故障。

6) 高压涡轮叶片锁紧片、挡风片、叶根沟槽和低压涡轮叶冠固定片折断

热处理工艺不当,造成高压涡轮叶片锁紧片和低压涡轮叶冠固定片材料硬度增加、延伸率下降,导致锁片和固定片弯折性能大幅降低,最终在高、低压涡轮转子装配时,锁紧片和固定片安装到位后剩余一端弯折时易在弯折处产生应力集中,燃气轮机工作时在高温燃气流的冲击下,锁紧片和固定片容易在弯折处折断脱落。高压涡轮叶片叶根沟槽和挡风片圆角尺寸超差,导致装配时因应力集中引起应力偏大而折断。

7) 轴承故障

在工业燃气轮机和航空发动机中,主轴承都是关键部件,同时也是故障率较高的部件之一,其故障原因种类繁多,分述如下:

(1) 疲劳剥落。疲劳剥落是发动机主轴承最常见的故障模式,按剥落的起因分为次表面疲劳剥落和表面损伤引起的剥落。

(2) 打滑蹭伤。打滑蹭伤是航机和轻型燃机主轴滚子轴承的常见故障,在球轴承上也时有发生。滚子轴承打滑蹭伤的主要原因是转子质量较轻,对轴承没有形成足够的径向载荷;球轴承打滑蹭伤的主要原因是所受轴向载荷变向。

(3) 磨粒引起的损伤。产生磨粒损伤的主要原因是滑油污染。污染源主要来自密封跑道涂层上刮掉的碎屑和封严气体带入的沙尘等硬质颗粒。

(4) 工作表面或次表面大碳化物等引起的损伤。轴承工作表面或次表面如果存在长度大于 $10~\mu m$ 的一次碳化物等夹杂物,其周围很容易成为剥落起始点。

(5) 压痕引起的损伤。如果滑油中含有硬质颗粒,不仅会造成磨粒损伤,还可能造成滚动体和滚道表面的压痕。此外,装配与拆卸轴承、整机、部件或运输中的过度冲击,都有可能造成滚道或滚动体表面的压痕。这些压痕周围形成大量微观裂纹,工作时,受到频繁挤压而进一步扩展,进而成为疲劳剥落的起始点。

(6) 引导面和非工作面磨损。轴承在装配不当、保持架共振、转速过高等特殊工况下很可能发生零件磨损;配合过松,且压紧螺帽未压紧时,套圈配合面会产生相对转动,从而造成配合面磨损;保持架与引导套圈产生共振时,会造成保持架引导面和套圈引导面严重磨损;转速过高或内、外圈反转的滚子轴承很容易造成滚子端面磨损。这些磨损轻则影响轴承精度,重则会在短期内造成轴承失效。

(7) 表面腐蚀。在潮湿环境下工作的地面燃机的轴承,难免会因空气中的盐分和水分引起轴承表面腐蚀;而轴承在正常储存、装配、使用过程中和停机状态时,也难免因空气潮湿、金相侵蚀剂、滑油中的水分、硫化物和不恰当地触摸等引起工

作面腐蚀。

（8）保持架和套圈断裂。

（9）零件尺寸不稳定。轴承套圈和滚动体在热处理过程中,难免会残留部分残余奥氏体,奥氏体会随着温度变化和时间的推移在转变成马氏体的过程中改变零件尺寸。另外,磨削加工造成的零件表面残余应力逐渐释放出来,也会改变零件尺寸。

（10）轴承烧伤。轴承烧伤是指工作时温度过高而使轴承严重变色(变成棕色甚至蓝黑色),并使硬度和精度严重下降。

（11）油膜涡动与振荡。油膜涡动是由于滑动轴承中的油膜作用而引起旋转轴的自激振动,油膜振荡是由油膜涡动在一定条件下发展而成。

8）其他附件故障

6.2.2　燃气轮机结构强度功能故障分析

上述各部件故障各有成因,而它们各自造成的影响却有一定的内在联系。根据这些联系,可将各故障模式对功能的影响归结为几大类,即转子的不平衡故障、转子间的不对中故障、轴承的油膜故障、转子磨碰故障以及喘振等。下面对这几种分类进行详细介绍。

1）转子不平衡

旋转机械的转子由于受材料的质量分布、加工误差、装配因素以及运行中的冲蚀和沉积等因素的影响,致使其质量中心与旋转中心存在一定程度的偏心距。偏心距较大时,静态下所产生的偏心力矩大于摩擦阻力矩,表现为某一点始终恢复到水平放置的转子下部,其偏心力矩小于摩擦阻力矩的区域内,称之为静不平衡。偏心距较小时,不会表现出静不平衡的特性,但是在转子旋转时,表现为一个与转动频率同步的离心力矢量,从而激发转子的振动。这种现象称之为动不平衡。静不平衡的转子,由于偏心距较大,表现为更为强烈的动不平衡振动。在燃气轮机结构强度的故障中,叶片和轮盘的机械故障以及转子的热弯曲往往造成转子不平衡的故障。

2）转子间不对中

不对中是旋转机械最常见的故障之一,是由于设备安装或运转过程中多种原因引起的,联轴节的三种非标准连接状态是不对中故障的主要表现形式。不对中故障表现出的结果为机器的振动、联轴节的偏转、轴承的摩擦损伤、油膜失稳和轴的挠曲变形等故障问题。美国 MONSANTO 石油化工公司统计得到:机械故障的 60% 是由转子的不对中引起,因此需要重视这方面的故障分析[50]。其主要原因有以下几点:一是设计对中考虑不够或者存在计算偏差;二是安装找正误差和对热态转子不对中量考虑欠佳;三是运行操作上超负荷运行和机组保温不良,轴系各转子热变形不一;四是机器基础、底座沉降不均使对中超差和软地脚造成对中不良;五是环境温度变化大,机器热变形不同[48]。燃气轮机结构强度故障当中,发电机、压缩机、负荷齿轮箱等与燃气轮机转子进行轴间连接的附件类机械的故障经常为不对中故障。

不对中故障主要分为角度不对中与平行不对中两类,实际故障中的不对中一般为这两种不对中的结合,如图6-7所示。

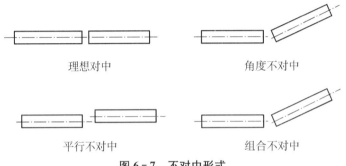

理想对中　　　　　　　　　　角度不对中

平行不对中　　　　　　　　　　组合不对中

图6-7　不对中形式

3) 轴承的油膜故障

转子轴颈在滑动轴承内做高速旋转运动的同时,随着运动楔入轴颈与轴承之间的油膜压力发生周期性变化,迫使转子轴心绕某个平衡点做椭圆轨迹的公转运动,这个现象称为涡动。当涡动的激励力仅为油膜力时,涡动是稳定的,其涡动角速度是转动角速度的近一半,所以又称半速涡动。当油膜涡动的频率接近转子轴系中的某个自振频率时,引发大幅度的共振现象,称为油膜振荡。

油膜涡动仅发生在完全液体润滑的滑动轴承中,低速以及重载的转子无法建立完全液体润滑条件,因而不发生油膜涡动。油膜振荡仅在高速柔性转子以接近某个自振频率的2倍转速运转时发生。在发生前的低速状态时,油膜涡动会先期发生,再随着转速的升高而发展到油膜振荡。

4) 转子磨碰故障

转子的磨碰故障指的是动静件之间的轻微摩擦。故障开始时症状可能并不十分明显,特别是滑动轴承的轻微磨碰,由于润滑油的缓冲作用,总振值的变化十分微弱,主要靠油液分析发现这种早期隐患;对于基于经验的诊断,由轴心轨迹也能做出较为准确的判断。当动静子磨碰发展到一定程度后,机组将发生碰撞时大面积摩擦,磨碰特征就将转变为主要症状。当间隙过小的时候发生动静件接触再弹开,将改变构件的动态刚度。动静磨碰由于产生的摩擦力是不稳定接触正压力,故摩擦力具有非常的明显的非线性特征(一般表现为丰富的超谐波)。燃气轮机中动静子磨碰故障以及轴承中欠润滑导致的故障均属于这一类。

5）喘振

喘振是一种很危险的振动,常常导致燃气轮机压气机叶片大量损坏,引起重大事故。这种故障是流体机械特有的振动故障。当进入叶轮的气体流量减少到某一小值时,气流的分离区扩大到整个叶轮流道,使气流无法通过。这导致压气机末级具有高压的空气沿着压气机流道倒流。瞬间倒流的气流暂时弥补了气体流量的不足,压气机因而恢复正常工作,又重新把倒回来的气流向末级压缩,但过后又使压气机流量减少,气流分离又重新发生。如此周而复始,压气机中便产生出一种低频率高振幅的压力脉动,造成机组的强烈振动。

6.3 燃气轮机结构强度相关故障的 FMECA

利用前述章节所介绍的故障模式、影响、危害性分析（FMECA）的方法,根据实际机组的故障记录[5—23],针对燃气轮机强度结构相关的子系统及部件进行了FMECA 的分析。将分析后的结果填入表 6 - 1。

表 6 - 1 燃气轮机结构轻度 FMECA 分析表

子系统名称	部件名称	故障模式	自身影响	对其他部件影响	发生概率	安全后果	环境后果	生产损失	后续成本	故障模型	总体风险	故障后果
压气机	叶片	叶片震颤	叶片叶尖磨损,叶根裂纹或折断	引起整机振动过大,如有折断发生则容易造成叶片大量折断机匣击穿整机报废	A	5	2	5	5	C	M	安全性后果
	压气机整体	喘振	产生轴向强烈振动,损坏压气机叶片	叶片碎片击伤击穿机匣、附件、燃烧室	A	5	3	5	5	E	M	安全性后果
涡轮	叶片	摩擦磨损	叶片擦伤	与缸壁磨碰引起转子振动不良,刮伤缸壁	A	1	1	4	4	B	L	使用性后果
		热疲劳	叶片塑性变形	造成轴系上有不平衡质量,引起不良振动	B	1	1	3	3	B	L	使用性后果

子系统名称	部件名称	故障模式	自身影响	对其他部件影响	发生概率	安全后果	环境后果	生产损失	后续成本	故障模型	总体风险	故障后果
		机械疲劳	叶片塑性变形	造成轴系上有不平衡质量，引起不良振动	B	1	1	3	3	B	L	使用性后果
	拉杆	拉杆紧力不均	拉杆变形	转子自身热变形，影响整机的正常使用，有时伴随起停机	A	1	1	3	4	C	L	使用性后果
	盘鼓	盘鼓抽气口受热不均	盘鼓抽气口热变形	引起转子振动爬升，进而引起跳机影响整机正常使用	A	1	1	3	4	B	L	使用性后果
转子系统	转子轴系	热弯曲	转子变形振动过大	引起启动终止或压气机转子叶片与机匣以及转子封严篦齿与静子叶片封严环之间严重磨碰，严重时，造成转子叶尖多处掉角和出现裂纹等后果	A	1	1	4	4	C	L	使用性后果
		对中不良	转子自身振动增强	引起轴瓦自激振动润滑油油温上升	A	1	1	3	2	B	L	使用性后果
		动平衡不佳	不稳定振动轴向振动大	损伤后轴瓦	A	1	1	3	2	C	L	使用性后果
	其他部件	透平锁片脱落	转子失衡受迫振动	热衬刮伤	A	1	1	3	2	E	L	使用性后果
		鼓筒轴轴腔积砂	破坏转子的平衡	造成发动机振动过大，损坏后轴承，进而导致转子与静子之间严重的磨损致使整机停车	A	1	2	3	4	B	L	使用性后果

（续表）

子系统名称	部件名称	故障模式	自身影响	对其他部件影响	发生概率	安全后果	环境后果	生产损失	后续成本	故障模型	总体风险	故障后果
		压气机转子平衡盘端面与刷丝磨碰	刷丝缺失或折断	影响整个轴系的稳定性和支撑系统的振动响应致使压气机机匣振动超限	A	1	1	3	3	E	L	使用性后果
轴承	轴承	油膜振荡	引起轴承的不良振动	引起整机轴系失稳振动加剧进而引起停机	B	1	1	3	2	E	L	使用性后果
		热损坏	轴承挡油环与轴颈高温烧结损坏	引起机壳振动高联锁跳车	A	1	1	3	2	E	L	使用性后果
		机械磨损	轴承间隙增大	引起整机强烈振动影响使用	B	1	1	3	2	E	L	使用性后果
		润滑不足	轴瓦严重损坏	转子弯曲,齿轮箱严重损坏,机组无法带负荷运行	A	1	1	4	4	E	L	使用性后果
附件及其他	联轴器	安装不当	驱动载荷不平衡	破坏转子动平衡引起振动超限	A	1	1	3	3	B	L	使用性后果
	负荷齿轮箱	对中不良	低速轴传扭花键轴严重损坏	轴瓦振动偏高,进气隔板轴向晃动,从励磁机、负荷齿轮箱等转子可见部分看,转子有明显的轴向窜动,振动剧烈时燃机涡轮间辅机间隔板、甚至整个燃机发电机箱体都有剧烈抖动感	A	1	1	4	2	B	L	使用性后果

子系统名称	部件名称	故障模式	自身影响	对其他部件影响	发生概率	安全后果	环境后果	生产损失	后续成本	故障模型	总体风险	故障后果
发电机	发电机转子匝间短路	发电机电磁失衡，有烧焦现象	引起振动超限报警	A	1	3	3	3	E	L	安全性后果

对表格进行以下分析。

1）故障危害性分析

根据燃气轮机结构强度的 FMECA 的分析结果，将故障模式的后果等级与发生概率相乘，根据形成的危害性矩阵评定该故障模式的风险。对强度结构相关系统的危害性分析如下：

对强度结构相关系统的风险等级有低、中两种类型，没有高风险的故障模式，包括21种低风险的故障模式以及2种中风险的故障模式。这2种中风险的故障模式分别是叶片震颤和喘振。叶片震颤和喘振都会引起整机强烈振动，容易发生部分叶片折断，进而引发叶片大量折断，机匣击穿甚至整机报废，后续成本的风险等级均属于5A，属于中等的后续成本风险影响故障模式。

2）故障后果分析

所有故障模式中共出现安全性后果3项（叶片震颤、喘振、发电机转子匝间短路），使用性后果20项（其余故障模式）。

（1）安全性后果。造成安全性后果的故障模式有两种（均来自压气机）：一种是叶片震颤；另一种是喘振。均有可能造成部分叶片折断进而造成"剃头"，即叶片大面积折断，击穿机匣，引起重大事故。两种之中又以喘振引起事故的可能性更高，事故状况更严酷。第三种故障模式是发电机转子匝间短路，属于附件系统故障，除引起机组的不良振动之外，容易引起发电机的损坏，对电网供电造成较大影响，可能对用电用户造成生产生活的安全性影响，存在一定的安全性后果，但风险等级低。

（2）使用性后果。除去造成安全性后果的故障模式，其余的故障模式都会造成使用性后果。造成使用性后果的故障模式中，大多数伴随着振动超限跳机，并且造成部件变形或损坏。为了保证燃机的正常工作需要对相应部件进行更换；转子对中不良的故障一般是由于机组安装时轴系对中未做好，需要停机调整；转子动平衡不佳和联轴器安装不当的故障需要对机组的动平衡进行调整；发电机转子匝间短路故障需要断开与发电机的连接,对发电机进行单独维修,应注意在无负荷状态下对燃机调整。另外,许多故障模式可通过振动监测与报警系统对故障的反映以及对跳机的控制,避免造成更大的损坏,因此要保证运行过程中振动监测与报警系统的正常工作。

(3)故障模型。叶片热疲劳与机械疲劳是与时间相关的故障,建议采用定期功能检查和状态监测相结合的方式进行维护;其余故障均与时间无关,只能通过状态监测来维护。

在状态监测当中,通常对振动信号由计算机进行处理分析,总结得出振动的信号特征,再对比各类故障的振动特征,对结构强度故障进行判断,继而给出维护建议。例如某一转子发生了不平衡振动故障,通常会发生在工频状态下振动峰值剧烈增加的现象,这就是不平衡振动的故障特征;从相反的方向考虑,若机组在工频状态下发生剧烈的幅值变化,即可得出其存在不平衡振动故障的结论。燃气轮机的振动故障监测与诊断就是把采集到的振动信号,经过一些合理的变换,发掘振动信号中典型的、突出的能够区别出不同振动故障类型的信号特征,然后根据这个信号特征查找出振动类型及振动源。再结合 RCM 的方法,即可给出合理的维护建议与策略。

综上所述,状态监测是结构强度故障中主要的维护方法,将状态监测所得的故障征兆与 FMEA 表格结合进行分析可以给出有效的维护策略。

6.4　燃气轮机结构强度故障诊断

旋转机械振动测试的主要对象是一个转动部件——转子或转轴,在进行振动测量和信号分析时,也总是将振动与转动密切结合起来,以给出整个转子运动的某些特征。大多数振动故障是与转子直接相关的,而且当这些故障出现时,转子振动状态的变化要比非转动部件的振动变化敏感得多,因此,直接测量转子的振动状态能够获得更多的有关故障的信息。因此燃气轮机结构强度故障监测方面,主要针对转子的振动信号进行采集与监测,以作为故障分析诊断的原始数据。

6.4.1　故障监测与诊断常用计算方法

在燃气轮机结构强度的故障诊断中,最常用的方法是以振动信号传感器的位移、速度或加速度信号为原始数据,采用一些信号处理方法提取故障信号的特征,判断故障类型。这类方法称为基于信号处理的振动诊断法。对于振动信号,常见的分析方法有时域分析、频域分析、时频域分析。燃气轮机结构强度故障诊断主要使用后两种,其分析目标是得到故障的特征频率以判断故障类型;对于时域分析,针对振动信号本身的应用并不多见,常见的主要是对轴心轨迹的分析。

6.4.1.1 频域分析

1) 频谱分析与 FFT 变换

信号频谱是在频率域对原信号分布情况的描述,能够提供比时域波形更加直观的特征信息。频谱分析是机械故障诊断中最常使用的方法。频谱分析中常用的有幅值谱和功率谱。功率谱表示振动功率的分布情况。幅值谱表示对应于各频率的谐波振动分量所具有的振幅,应用时显得比较直观,幅值谱上谱线高度就是该频率分量的振幅大小。

快速傅里叶变换(FFT)方法是一类起步较早、发展成熟的应用于频谱分析的计算方法。傅里叶变换以傅里叶级数为基础,认为任何周期性信号均可展开为一个或几个乃至无穷多个简谐信号的叠加。如果以频率为横坐标,幅值和相位为纵坐标就可以得到信号的幅频谱和相频谱。而非周期信号可首先视为周期趋于无穷大的周期信号,继而采用相似的方法进行处理。由于傅里叶变换及其逆变换均不能直接用于计算机计算,离散傅里叶变换及其衍生的快速傅里叶变换等诸多算法得以被开发运用,成为频谱分析的主要手段。

2) 倒频谱分析

倒频谱分析[26]也称为二次频谱分析,是近代信号处理中的一项非常重要的新技术,是检测复杂谱图中的周期分量的有用工具。通过对信号的功率谱进行倒频谱分析,使得较低的幅值有较高的加权,从而可以清楚地识别信号的组成,突出信号中的周期成分。因此,对信号进行倒频谱分析可以检测和分离频谱中存在的周期性成分的能力,会使得原来谱图上的边频谱线转化为在倒频谱上的单根谱线,从而使得频谱中的复杂周期成分变得清晰易辨,有利于结构强度故障诊断。对于齿轮结构、滚动轴承等,出现故障时信号的频谱上会出现难以识别的多簇调制边频带,采用倒频谱分析可分解和识别故障频率、故障的原因和部位[27-29]。

3) 信号解调分析

当机械系统出现故障时,信号中包含的故障信息往往都以调制的形式出现,即所测到的信号常常是被故障源调制了的信号。例如机械系统受到外界周期性冲击时的衰减振荡响应信号就是典型的幅值调制信号。调制一般包括幅值调制和相位调制。要获取故障信息就需要提取调制信号。提取调制信号的过程就是信号解调。信号解调分析又称包络分析[30]。可以用来提取载附在高频信号上的低频率信号,也就是提取时域信号波形的包络轨迹。当轴承和齿轮等部件出现局部故障时,会产生周期性脉冲冲击力,激起设备的固有振动。选择由冲击激起的高频固有振动信号作为研究对象,可以采用滤波技术从信号中将其分离出来,然后使用包络检波,提取载附在高频固有振动上的与周期冲击对应的包络信号,可以从包络信号的强度和频次判断出零件损伤的程度和部位。这种信号检测技术称为包络解调，是判断设备零件损伤类故障的一种非常有效的技术和手段。

信号解调分析技术包括共振解调技术、宽带解调技术、选频解调技术、Hilbert解调技术、同态滤波技术等，这些技术的核心都是把调制在高频上面的低频故障信息，解调到低频后再进行分析处理，以便提取故障信息。利用信号解调分析高频中的故障信息，还可以提高信噪比。信号解调分析技术已经成功应用于旋转机械故障诊断[31, 32]。

4）全息谱分析

全息谱技术[33]是基于一种多传感器信息集成和融合的先进诊断方法。它将机组上多个传感器收集到的信息有机地集成和融合在一起，充分利用了机组的多向振动信号，以及每一方向上振动信号的幅值、频率和相位信息。因此，全息谱技术突破了传统分析方法的局限性，体现了诊断信息全面利用、综合分析的思想。目前，全息谱技术已经成为旋转机械故障诊断的有效手段，在生产中能够比一般方法更为准确地识别机组运行中存在的隐患，从而为保障关键、重大设备的安全运行创造条件。全息谱是西安交通大学屈梁生院士[34]在 20 世纪 80 年代末提出的，随后开始在我国的石化、电力、冶金等行业推广应用[35]，解决了许多生产上的难题，经受了实践的检验；全息谱技术本身也得到了充实和发展，建立了二维全息谱、三维全息谱、提纯轴心轨迹、合成轴心轨迹、滤波轴心轨迹、全息瀑布图、短时复谱和短时轴谱等方法构成的一整套全息谱分析和故障诊断技术[36]。

6.4.1.2　时频域分析

虽然经典的傅里叶分析能够完美地将任何信号描绘为平稳的正弦信号及其组合，然而许多随机过程从本质上来讲是非平稳的。机械设备在运行过程中的多发故障，如剥落、裂纹、松动、冲击、摩擦、油膜涡动、旋转失速以及油膜振荡等，当故障产生或发展时将引起动态信号出现非平稳性。虽然这些信号也可以用傅里叶分析方法来计算，可是所得到的频率分量是对信号历程平均化的计算结果，并不能恰当地反映非平稳信号的特征[37]。为此，需要利用时间和频率的联合函数来表示这些信号并加以分析，这种方法称为信号的时频域分析。

1）短时傅里叶变换

1946 年，Gabor 提出了窗口傅里叶变换概念，用一个在时间上可滑移的时窗来进行傅里叶变换，从而实现了在时间域和频率域上都具有较好局部性的分析方法，这种方法称为短时傅里叶变换（short time fourier transform，STFT）。信号的STFT 在很大程度上受分析窗函数的影响。常用的窗函数有高斯窗函数、汉宁（Hanning）窗函数、汉明（Hamming）窗函数以及矩形窗函数等。选择窗函数时一般需考虑两个因素的影响，一是泄漏，窗函数越短，泄漏就越严重；另一个是窗函数的窗口特性,其中高斯函数具有最好的时频特性。人们在机械振动分析的应用中发现,高斯窗函数和汉明窗函数具有较好的分析效果。

短时傅里叶变换是一种时窗大小及形状都固定不变的时频局部化分析。由于频率与周期成反比,因此反映信号高频成分需要窄时窗,而反映信号低频成分需要宽时窗,这样,短时傅里叶变换不能同时满足这些要求[38]。

2)Wigner-Ville分布

在机械系统故障诊断中,涉及的信号从统计意义上讲不都是平稳的,常常要遇到非平稳瞬变和随时间变化明显的调制信号。这些信号的频率特征与时间有明显依赖关系,提取和分析这些时变信息对机械系统故障诊断意义重大。Wigner-Ville分布可以视为信号能量在联合的时间和频率域中的分布。它是由Wigner[39]在1932年提出的,1948年Ville[40]开始将它引入信号分析领域。Wigner-Ville分布的时频分辨率比较高,时频聚集性能也比较好,同时还具有对称性、频移性、可逆性、时移性以及归一性等优越的性质,因此Wigner-Ville分布在机械系统故障诊断领域得到了较广的应用[41—45]。

3)小波变换

短时傅里叶变换是以同样的"分辨率"来对信号进行观察,而小波变换则不同,它可以用多种"分辨率"来对信号进行观察。小波变换具有对信号进行多分辨分析能力。在对机械振动非平稳信号进行分析时,利用多分辨分析使得人们可以在不同的分辨率下,对异常信号的细节特征进行分析。也就是说,可以对机械振动信号在感兴趣的时段与频段进行时频局部化分析。小波变换能够正交地、无冗余地、无泄漏地将机械振动信号变换到多个尺度(即多个分辨率)下的不同频段内进行观察。这也保证了振动信号在不同的时频局部域中的真实性。

小波变换采用改变时间-频率窗口形状的方法,很好地解决了时间分辨率和频率分辨率的矛盾,在时间域和频率域里都有很好的局部化性质。由于明显的优点以及近二十年来突飞猛进的发展,小波变换已为信号处理领域里各自独立的方法建立了一个统一的框架,广泛地应用于涉及信号处理的诸多领域,在结构与强度故障中也能充分发挥作用。

4)经验模式分解

对非平稳、非线性信号比较直观的分析方法是使用局域性的基本量和基本函数,例如瞬时频率。1998年,Huang[46]等人首次提出了内蕴模态函数(intrinsic mode function,IMF)的概念,同时提出了可以将任意一个信号分解为内蕴模态函数组成的新方法——经验模式分解(empirical mode decomposition,EMD)方法,EMD方法赋予了瞬时频率更为合理的定义以及有物理意义的求法,从而建立了以瞬时频率为基本量,以内蕴模态函数为时域基本信号的新的时频分析方法体系,并迅速在许多领域得到应用,成为信号处理领域研究的热点问题之一。

EMD 方法和与之相应的 Hilbert 谱统称为 Hilbert-Huang 变换[46],它首先利用 EMD 方法可以将任意一个复杂信号分解为若干个 IMF 之和,然后分别对每个 IMF 进行 Hilbert 变换后得到信号的瞬时幅值和瞬时频率,就可以得到信号的 Hilbert 谱。Hilbert-Huang 变换是一种具有自适应能力的新的时频分析方法,它能够根据信号的局部时变特征自适应地进行时频分解,避免了人为因素的影响,同时克服了传统傅里叶变换中用无意义的谐波分量来表示非线性、非平稳信号的缺点,并且可以得到极高的时频分辨率,时频聚集性能也非常好,因此该方法非常适合非线性、非平稳信号的分析。

6.4.2　燃气轮机结构强度故障信号表示方法

在燃气轮机结构强度故障监测与分析当中,往往可以采用上一节当中单一的或多个方法进行分析,综合分析结果所得出的诸多方面的信息,可以选择诸多不同的表示方法,以便于对分析结果进行直观地观察。本节主要介绍频谱图、轴心轨迹图、瀑布图、级联图、伯德图和极坐标图。

6.4.2.1　频谱图

根据傅里叶变换等算法的理论,一个时域波形信号可以分解为若干个正弦信号,利用一定的算法可以提取出这些分解的信号的幅值和频率之间关系的信息。在直角坐标系中,以角频率为横轴,以振幅为纵轴,将每一分量的振幅用一条竖线画在坐标上,就是该信号的频谱图。频谱图是结构强度故障乃至振动分析中最常用的表示方法,如图 6-8 所示。

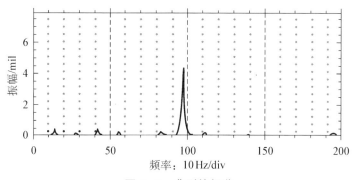

图 6-8　典型的频谱

6.4.2.2　轴心轨迹图

1) 轴心轨迹图

轴心轨迹是对转子在沿转子方向的任何横向平面中二维路径或轨迹中运动的

表示,其本质为轴心相对于一堆正交涡流传感器的路径。通过将来自两个垂直且共面的传感器的时域波形数据合并到一起,创建显示轴心线二维动态运动的单图。轴心轨迹图可以帮助判断摩擦、油膜涡动、油膜振荡等具有不同轴心轨迹特征的故障。

轴心轨迹图呈正方形,水平方向和垂直方向上的尺度和尺度因子相同。轴心轨迹上的点由一对 X 和 Y 值加以定义,这两个值从时域波形数据中获得。通过来自采样波形的一组值可以创建任意轨迹,从轴心轨迹的一部分到多个轴心的轨迹。轴心轨迹图的中心由 X 和 Y 时域波形的平均值加以定义。典型的轴心轨迹如图 6 - 9 所示。

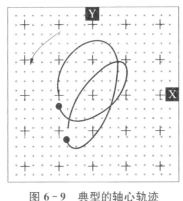

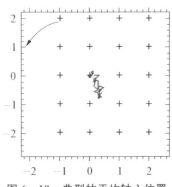

图 6 - 9　典型的轴心轨迹　　　图 6 - 10　典型的平均轴心位置

2) 平均轴心位置图

平均轴心位置图主要用于显示轴的平均位置变化,其数据已经过有效的低通滤波,不显示快速变化(动态)数据。如果将平均位置图中的信息与其他信息(如已知间隙、轴心轨迹动力学行为和其他轴承的中心线图)结合,就能够获得轴的运动、轴与可用间隙的关系及作用在机器上的静态径向载荷的更详细图形。典型的平均轴心位置如图 6 - 10 所示。

6.4.2.3　瀑布图

频谱瀑布图简称瀑布图,又叫谱阵图,它是将振动信号的功率谱或幅值谱随转速变化叠置而成的三维谱图,显示振动信号中各谐波成分随转速变化的情况。频谱瀑布图主要用于显示多频谱与时间之间的关系,其三个坐标轴分别为频率、振幅和时间(时间坐标轴上通常也标注各时间点对应的转速)。瀑布图通常用于检查振动随运行参数变化而变化的情况。典型的瀑布图如图 6 - 11 所示。

6.4.2.4　级联图

起动或停机时,可以获得不同速度下的频谱。可以通过向频谱图添加第三个

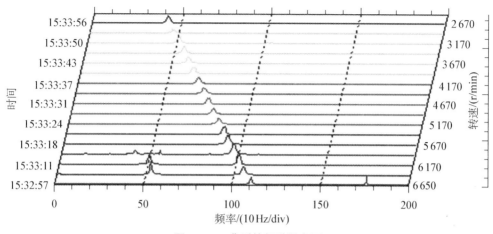

图 6-11　典型的频谱瀑布图

量纲"转子速度"显示这些频谱。频谱的顺序按照速度递增排列,速度最低的频谱排在最前面。这种图称为频谱级联图,或者简称为级联图。

　　级联图主要反映三个关系:第一个关系是对角关系,即随转速变化或跟踪转速的振动频率,这样的关系反映在阶次线上;第二个关系是水平关系,反映相同速度下(在同一频谱中)的不同频率之间存在着水平关系;第三个关系是垂直关系,即同一频率簇下的不同速度(多个频谱)之间存在着垂直关系。

　　典型的频谱级联图如图 6-12 所示。

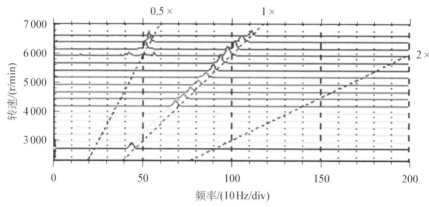

图 6-12　典型的频谱级联图

6.4.2.5　伯德图

　　伯德图是线性非时变系统的传递函数对频率的半对数坐标图,其横轴频率以对数尺度(log scale)表示,利用伯德图可以看出系统的频率响应。伯德图一般是由两张图组合而成,一张幅频图表示频率响应增益的分贝值对频率的变化,另一张相频图则是频率响应的相位对频率的变化。伯德图分三个频段进行,先为幅频特性,顺序是中频段、低频段和高频段。将三个频段的频率特性(或称频率响应)合起来就是全频段的幅频特性,然后再根据幅频特性给出相应的相频特性来。

伯德图通常用来确定机组的临界转速,除此之外,另一个重要用处就是在进行动平衡时有助于用来分析转子不平衡质量所处的轴向位置、不平衡振型的阶数。典型的伯德图如图 6 - 13 所示。

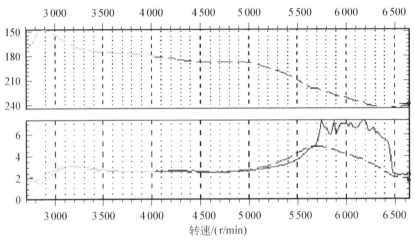

图 6 - 13　典型的伯德图

6.4.2.6　极坐标图

极坐标图又称为奈奎斯特图,是对于一个连续时间的线性非时变系统,将其频率响应的增益及相位以极坐标的方式绘出,常在控制系统或信号处理中使用,可以用来判断一个有回授的系统是否稳定,奈奎斯特图的命名是来自美国贝尔实验室的电子工程师哈里·奈奎斯特。极坐标图本质上就是把伯德图的结果绘制在极坐标上,得到的振幅-转速曲线是一条环形线。

极坐标图和伯德图显示相同点矢量数据。由于格式上的差异,这两种类型的图可以互补,从而使信息更为精确。振动矢量对于诊断、清晰表达这些图示的重要性,使极坐标和伯德图成为振动故障诊断中强大且颇有价值的工具。典型的极坐标图如图 6 - 14 所示。

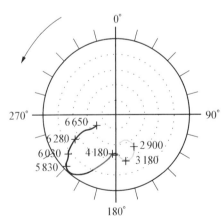

图 6 - 14　典型的极坐标图

6.4.3　燃气轮机结构强度故障信号的判据

上一节所述故障信号分析结果的诸多表示方法,用以判断故障类型的核心依据,是振动信号的幅频特性。因此,根据幅频特性曲线所反映的不同特征,能够判断出不同的故障类型。

振动故障分析诊断的任务从某种意义上讲,就是读谱图,把频谱上的每个频谱分量与监测的机械系统的零部件对照联系,给每条频谱以物理解释。根据频谱的实际情况,主要从以下几个方面进行分析:振动频谱中存在哪些频谱分量;每条频谱分量的幅值多大;这些频谱分量彼此之间存在什么关系;如果存在明显的高幅值的频谱分量,这个分量的精确的来源以及它与机器的零部件对应关系;如果能测量相位,应该检查相位是否稳定以及各测点信号之间的相位关系。

下面根据结构强度故障的分类介绍相应故障信号的判据。

1)转子不平衡故障

不平衡故障的信号特征:

(1)时域波形为近似的等幅正弦波。

(2)轴心轨迹为比较稳定的圆或椭圆。

(3)频谱图上转子转动频率处的振幅。

(4)在三维全息图中,转频的振幅椭圆较大,其他成分较小

转子不平衡振动的波形和幅频谱如图 6-15 所示。

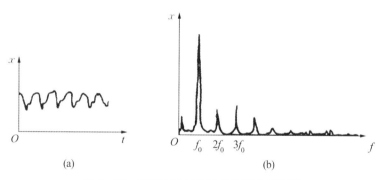

图 6-15　转子不平衡振动的波形和幅频谱
(a)时域波形　(b)幅值谱

转子不平衡有很多种情形,在燃气轮机结构强度故障方面主要分为力不平衡、力偶不平衡和转子弯曲三种。

力不平衡的主要特征:同频占主导,相位稳定。如果只有不平衡,1×幅值大于等于通频幅值的 80%,且按转速平方增大;通常水平方向的幅值大于垂直方向的

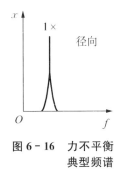

图 6 - 16　力不平衡典型频谱特征

幅值,但通常不应超过 2 倍;同一设备的两个轴承处相位接近;水平方向和垂直方向的相位相差接近 90°,如图 6 - 16 所示。

力偶不平衡的主要特征:同频占主导,相位稳定。振幅按转速平方增大。需进行双平面动平衡;力偶不平衡在机器两端支承处均产生振动,有时一侧比另一侧要大;较大的力偶不平衡有时可产生较大的轴向振动;两支承径向同方向振动相位相差 180°。幅频特性与力不平衡的情况相同。力不平衡与力偶不平衡同时发生时合称为动不平衡。

转子弯曲的主要特征:振动特征类似动不平衡,振动以 1× 为主,如果弯曲靠近联轴节,也可产生 2× 振动;与不对中的特征相似,通常振幅稳定,如果 2× 与供电频率或其谐频接近,则可能产生波动;轴向振动可能较大,两支承处相位相差 180°;振动随转速增加迅速增加,过了临界转速也一样,如图 6 - 17 所示。

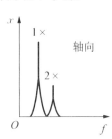

图 6 - 17　转子弯曲典型频谱特征

2) 不对中故障

不对中故障特征:

(1) 时域波形在基频正弦波上附加了 2 倍频的谐波。

(2) 轴心轨迹图呈香蕉型或 8 字形。

(3) 频谱特征:主要表现为径向 2 倍频、4 倍频振动成分,有角度不对中时,还伴随着以回转频率的轴向振动。

(4) 全息图中 2、4 倍频轴心轨迹的椭圆曲线较扁,并且两者的长轴近似垂直,如图 6 - 18 所示。

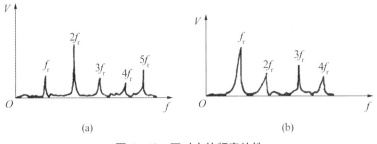

(a)　　　　　　　　　　　　(b)

图 6 - 18　不对中的频率特性

(a) 平行不对中　(b) 角不对中

在燃气轮机结构强度故障中,不对中主要分为角不对中、平行不对中、轴承不对中和联轴节故障几种类型[47]。

（1）角不对中：角不对中产生较大的轴向振动，频谱成分为 $1\times$ 和 $2\times$，还常见 $1\times$、$2\times$ 或 $3\times$ 都占优势的情况；如果 $2\times$ 或 $3\times$ 超过 $1\times$ 的 30％到 50％，则可认为是存在角不对中；联轴节两侧轴向振动相位相差 $180°$，如图 6－19 所示。

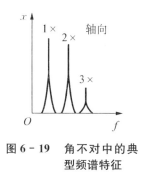

图 6－19　角不对中的典型频谱特征

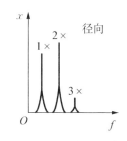

图 6－20　平行不对中的典型频谱特征

（2）平行不对中：平行不对中的振动特性类似角不对中，但径向振动较大；频谱中 $2\times$ 较大，常常超过 $1\times$，这与联轴节结构类型有关；角不对中和平行不对中严重时，会产生较多谐波的高谐次（$4\times\sim8\times$）振动；联轴节两侧相位相差也是 $180°$，如图 6－20 所示。

（3）轴承不对中：轴承不对中或卡死将产生 $1\times$，$2\times$ 轴向振动，如果测试一侧轴承座的四等分点的振动相位，对应两点的相位相差 $180°$；通过找对中无法消除振动，只有卸下轴承中心安装才能消除振动，如图 6－21 所示。

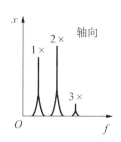

图 6－21　轴承不对中的典型频谱特征

（4）联轴节故障：如果联轴节的短节过长或过短，通常会产生明显的 $3\times$ 振动；齿型联轴节卡死会引起轴向和径向振动，通常轴向大于径向，频谱以 $1\times$ 为主，兼有其他谐频，也有出现 $4\times$ 为主的实例；振动随负荷而变，$1\times$ 明显；松动的联轴节将引起啮合频率及叶片通过频率的振动，其周围分布 $1\times$ 旁瓣，如图 6－22 所示。

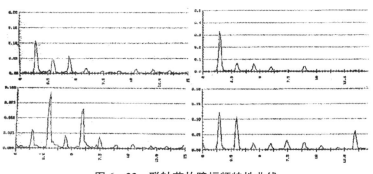

图 6－22　联轴节故障幅频特性曲线

3) 转子磨碰故障

转子磨碰故障的振动特性：

（1）时域波形存在"削顶"的现象，或振动远离平衡位置时出现高频小幅振荡。

（2）频谱上除转子工频以外，还存在非常丰富的高次谐波成分（经常出现在气封摩擦时）。

（3）严重摩擦时，还会出现 $1/2\times$、$1/3\times$、$1/N\times$ 等精确的分频成分（经常出现在轴瓦磨损时）。

（4）全息谱上出现较多、较大的高频椭圆，且偏心率较大。

（5）提纯轴心轨迹（$1\times$、$2\times$、$3\times$、$4\times$ 合成）存在"尖角"。

转子在转动过程中与定子的摩擦会造成严重的设备故障，在摩擦过程中，转子刚度发生改变从而改变转子系统的固有频率，可能造成系统共振，往往会激起亚谐波振动（$1/2\times$，$1/3\times$），严重时出现大量的谐频（$1/2\times$，$1.5\times$，$2.5\times$，…），并伴随有噪声。典型的磨碰故障的波形和幅频特性，如图 6-23 所示。

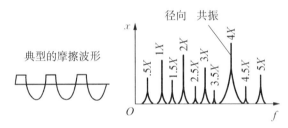

图 6-23 转子磨碰故障的典型波形以及幅频特性曲线

4) 油膜振荡

油膜振荡故障的振动特征：

（1）振动信号的时域波形发生畸变，呈不规则的周期信号，一般是在转频的频率成分上叠加了低频信号。

（2）油膜振荡时，其轴心运动轨迹一般表现为不规则的发散曲线，若引发后续的磨碰故障，则轴心轨迹则表现为花瓣形状。

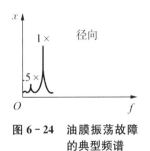

图 6-24 油膜振荡故障的典型频谱

（3）油膜振荡是发生在工作转速比 2 倍一阶临界转速稍高时，油膜振荡的故障特征频率为接近转子的一阶临界转速，在频谱图中，转子固有频率附近的频率分量的幅值最为突出。之后，即使转速继续升高，振荡频率基本保持不变。典型的油膜振荡频谱如图 6-24 所示。

5) 喘振

喘振引起的振动是一种低频率高振幅的振动，其频率与燃气轮机的基频并无直接关系,而是与压气机中的压力脉动相关。根据燃气轮机设计与结构的不同,其喘振频率一般为 0.5～20 Hz。典型的喘振的频谱图如图 6-25 所示。

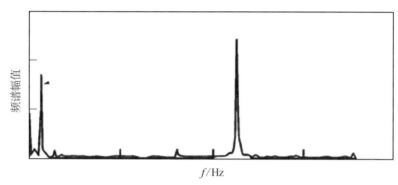

图 6-25 喘振故障的典型频谱

6.4.4 应用实例

下面基于两个实际生产当中的故障实例,说明故障诊断方法与 RCM 结合的实际应用过程。

6.4.4.1 分析过程

1) 某电厂燃气轮机发电机组轴向振动故障分析[48]

某电厂联合循环发电机组中采用 MS6001B 燃气轮机,该型发电机组主要由燃机、负荷齿轮箱、发电机三大部分组成,其中燃机为单轴,额定转速 5 135 r/min,发电机额定转速 3 000 r/min,中间的负荷齿轮箱为单级减速齿轮箱,如图 6-26 所示。

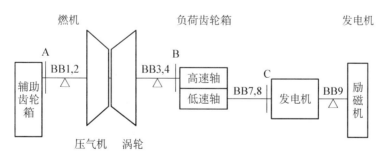

图 6-26 MS6001B 发电机组轴系结构简图

该机组在大修以后重新投入运行一段时间后发生了轴向振动剧烈的现象,具体表现为:

（1）在机组运行中发电机励磁机处肉眼可见发电机主轴的间断性的轴向窜动。

（2）振动剧烈时燃机透平间辅机间隔板,甚至整个燃机发电机箱体都有剧烈抖动感。

（3）燃机1瓦的瓦座、负荷齿轮箱瓦座壳体、发电机励磁机轴瓦座处可测到很高的轴向振动;1瓦处轴向振动有时高达20 mm以上。

（4）机组各垂直方向的振动探头 BB1,BB2,BB4,BB5,BB7,BB8,BB9 检测到的振动值并不高,都没有达到报警值;但轴向振动剧烈时,各幅值也明显有增加。

（5）该轴向振动不是连续存在,有时剧烈,有时较轻。

（6）该轴向振动在不同的运行条件下强度不同。在机组较长时间燃用轻油后,会较大幅度降低;降低燃机负荷,尤其是减小燃机压气机进口可转导叶(IGV)角度,即减少进气量后振动强度也会降低。

对该机组轴向振动进行监测得到其频谱图(见图6-27)。

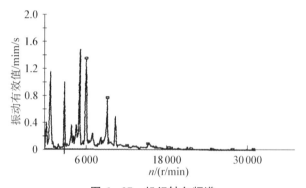

图6-27　机组轴向频谱

结果显示,轴向振动有燃机工作转速(85 Hz、5 141 r/min)的分量;有发电机工作转速(50 Hz、3 000 r/min)的1,2,3倍频分量;另外还含有1个10～20 Hz(图6-27中为975 r/min)的时有时无的分量。

根据前文的故障判据仅从此幅频特性曲线中可以推测出以下几种可能的故障原因:

（1）燃机与负荷齿轮箱高速轴对中不好。

（2）燃机支撑腿、箱体地脚螺栓固定可能松动。

（3）进口可转导叶 IGV 间隙过大。

（4）燃机1瓦的主、副推力瓦有损坏。

（5）燃机大修时更换的透平动、静叶间隙超标,造成气流扰动。

（6）发电机与负荷齿轮箱低速轴对中不好。

(7) 负荷齿轮箱内部故障。对该电厂同型号同样工作状态的另一台状态相似的燃气轮机发电机组(3号)的振动信号进行分析,用分析结果与4号机组进行对比以进一步查找故障原因。

在励磁端测得信号所得的频谱如图6-28所示。

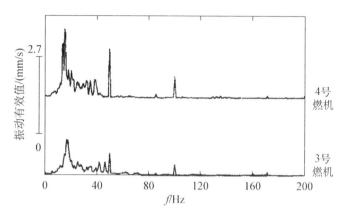

图 6-28　3、4 号发电机组发电机后瓦(励磁端)轴向振动对比

由图可知,3号发电机组发电机后瓦也存在和4号机组类似的轴向振动,都由时有时无的18 Hz左右分量和1倍频50 Hz、2倍频100 Hz的分量组成,而且幅值也相差不多。但在燃机1号瓦处,测量到的轴向振动则完全不同。

图6-29、图6-30分别是安装在4、3号机组的燃机1瓦相同位置的轴向振动信号的频谱图。从图上可以看出,3号机组没有18 Hz左右的分量,而4号机则存在。由此可以发现,同样的轴向振动在3、4号机上有不同的表现,当低频分量出现在燃机1号瓦时,燃机的轴向振动就表现得剧烈,反之则轴向振动正常。

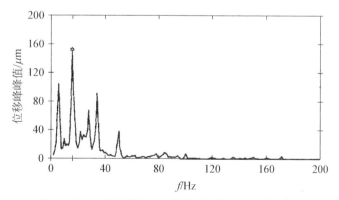

图 6-29　4 号机燃机 1 瓦轴向位移探头信号频谱图

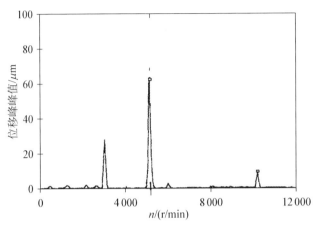

图 6 - 30　3 号机燃机 1 瓦轴向位移探头信号频谱

经过对比可以发现,两台机组振动信号的差异部分符合对中不良的特征,这支持了可能的故障原因中第(2)与第(6)条。对振动数据的进一步分析发现,靠背轮 A、B 两端的振动信号相位基本相同,而在靠背轮 C 两端的振动信号相位几乎相反,结合对发电机轴两端轴瓦安装时间隙的分析,认为在 C 处存在对中不良的问题。对于此故障的根本原因,从发电机轴振的低频杂乱分量和轴振能经过齿轮箱被传递到燃机轴的现象来看,齿轮箱本身问题的可能性很大。

结合 FMECA 表格,负荷齿轮箱对中不良故障虽然在造成安全后果等方面程度较低,但是会造成较为严重的生产损失,同时故障对部件自身的影响为比较严重的损坏。因此对于此故障的维护建议为:对于当前故障,应当在大修中予以解决,在修复后对负荷齿轮箱采用定期的预防性维修与基于监测的视情维修相结合的策略。

2) 某电厂燃气机组轴承可倾瓦振动异常故障的分析

某电厂燃气轮机发电组[49]选用美国 GE 公司生产的 PG9315FA 型燃气轮机、D10 型三压有再热系统的双缸双流式汽轮机、390H 型氢冷发电机。燃气轮机、蒸汽轮机和发电机转子刚性地串联在一根长轴上。燃气机组主轴分为 4 段:燃机压气机转子、高中压转子、低压转子、发电机转子,均为整锻实心转子,每段转子均由两个径向轴瓦支撑,轴系布置如图 6 - 31 所示。

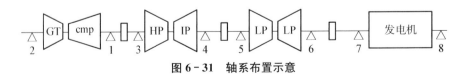

图 6 - 31　轴系布置示意

该燃机整套起动后,因1号瓦轴振动慢慢爬升导致振动高保护停机,后在2瓦转子靠背加重后,振动得到改善。在某个时期期间,燃机每天起停机一次,这时机组在冲管阶段,汽轮机没有进汽。燃机稳定3 000 r/min一段时间后,高中压转子的3、4号瓦轴振间断性出现半频分量,但其分量都还比较小,一般不到工频分量的1/2,在运行一段时间后消失,且3、4号轴振通频最大值也不大,低频振动还未引起足够重视。其后,机组在3 000 r/min时,因3瓦振动突然出现较大的半频分量使振动幅值超过210 μm而被紧急停机。对这台机组做了一次动平衡以降低3号瓦的工频以限制半频振动之后发现,对低频振动来讲,加重效果不明显,3、4号轴振始终间断性出现较大的半频分量振动,3号轴振最大值曾达200 μm,但考虑到当时冲管时间紧张和油膜涡动还不至于危害整个转子,未做进一步的处理。再其后,针对低频振动,采取增加轴承标高等措施后,反而使燃机振动演变为油膜振荡。

该机组故障部位振动频谱如图6-32、图6-33所示。

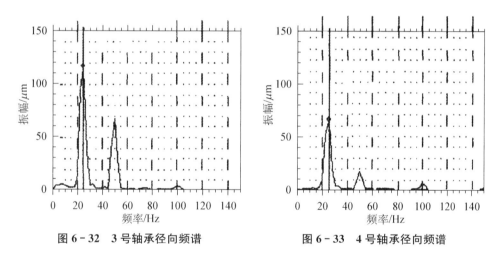

图6-32　3号轴承径向频谱　　　　　图6-33　4号轴承径向频谱

由图可见,机组3、4号瓦轴振间断性出现较大的半频分量振动,半频分量远远超过工频分量。3、4号瓦振动在半频分量的作用下来回跳跃,根据前文的故障判据,认为该故障表现出较为明显的油膜半速涡动特征。油膜半速涡动故障发生时,该故障在3、4号瓦之间跳跃,一段时间后平稳。

由于未及时处理,该机组的油膜涡动故障发展为油膜振荡,相关图谱如图6-34~图6-37所示。

由图6-34~图6-37可见,3号、4号振动振幅急剧增大,发生油膜振荡。图中虚线为工频分量,实线为通频值,从图可以看出,发生油膜振荡后,振动不再以工频为主,且不存在油膜涡动时振动来回跳跃的情况。根据频谱分析,3号振动的24 Hz

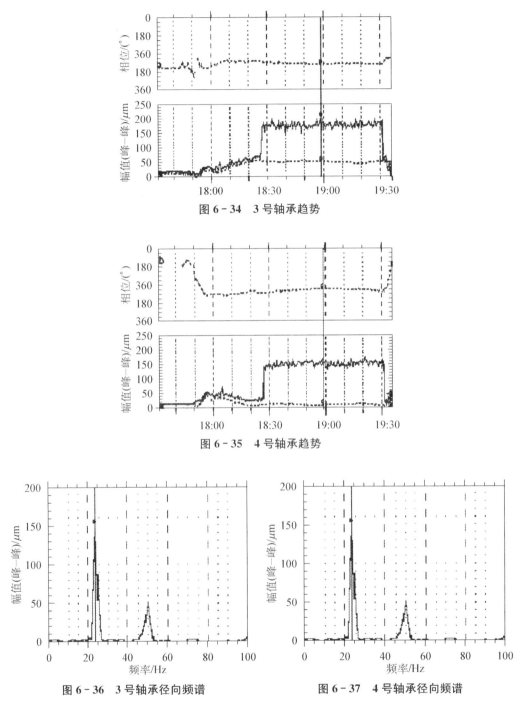

图 6 - 34 3 号轴承趋势

图 6 - 35 4 号轴承趋势

图 6 - 36 3 号轴承径向频谱

图 6 - 37 4 号轴承径向频谱

分量为 150 μm,而 50 Hz 分量为 50.9 μm,24 Hz 分量已经明显超过了工频分量,4 号振动的 24 Hz 分量为 139 μm,而 50 Hz 分量仅为 13.8 μm。1 380 r/min(23 Hz)

为高中压转子一阶临界转速,转子的振动主频率以一阶临界转速为主。只有把转速降到 2 700 r/min,油膜振荡才基本消失,可见 2 700 r/min 为其失稳转速下限,约为临界转速的 2 倍。

根据故障判据,该故障属于典型的油膜涡动与油膜振荡故障。根据 FMECA 表格,该故障具有发生概率较低而风险很低的特点,在各种后果方面仅造成一定程度的生产损失。对此故障的维护建议为:停机调整以消除故障,在故障修复后,对相关部件实施定期的预防性维护。

6.4.4.2　维护建议与策略

燃气轮机机组由于轴系复杂,产生振动的因素较多并且比较复杂,很多振动故障有着相同的故障表现,同一振动故障也可能有多方面的反映,对振动信号进行频谱分析,找到振动产生的根本原因,才能有效地排出振动故障。频谱分析和故障原因的对应关系,可以根据前人的研究[24],利用所建立的频谱特征和故障原因的关系图表进行排障。对于振动不良但未引起跳机的故障模式,如果故障发生在燃机当中,可以在定期停机检查中对燃机进行检查和维修,如果故障发生在其他附件如联轴器、齿轮箱或发电机中,则将故障的部件和燃机的连接断开单独维修;对于引起跳机的故障,应当及时停机进行故障检查和维修;特别对于喘振这一故障模式,由于发生过程迅速而剧烈,且后果极为严重,因此在机组起动过程中应当加以防范,可通过改变运行方式等措施从改变共同工作线位置入手,使共同工作线位于喘振边界线下方并留有一定裕度,即可解决燃气轮机压气机的喘振问题,保证燃气轮机发电机组的安全、稳定运行[25]。

对于燃气轮机结构强度故障来说,需要基于 RCM 分析结果,为各潜在故障安排合适的维护方式,充分利用振动测点的数据开展视情维护,可以依照如图 6 - 38 所示的框架来建立结构强度故障的维护策略。

6.5　小结

本章介绍了燃气轮机结构强度故障相关的系统组成及其功能,列举了燃气轮机的结构强度故障模式及其可能引起的功能故障,然后基于结构强度故障对燃气轮机进行了 FMECA 分析。根据之前章节介绍的 RCM 理论知识和分析工具,针对燃气轮机结构强度故障制订了基于 RCM 的维护策略,发现大多数结构强度故障需要通过振动信号进行状态监测。介绍了基于振动信号的结构强度故障诊断方法及判据,并列举了相应的应用案例。在此基础上,结合 RCM 分析方法,给出了结构强度故障基于 RCM 的维护建议和策略。

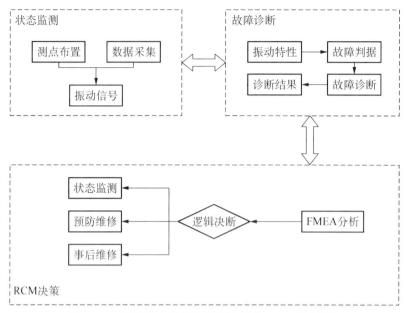

图 6 - 38 基于状态监测和故障诊断的 RCM 技术框架

参 考 文 献

[1] 冷德新. 船用燃气轮机双转子系统振动监测与状态评估方法研究[D]. 哈尔滨:哈尔滨工业大学,2013.

[2] 杨虞微. 现代航空燃气涡轮发动机故障分析与智能诊断关键技术研究[D]. 南京:南京航空航天大学. 2007.

[3] 赖伟,林国昌,陈聪慧. 燃气轮机滚动轴承故障模式及延寿方法[J]. 航空发动机,2007, 33(1):37 - 39.

[4] 应光耀,童小忠,吴文健. 9F 燃气机组油膜涡动和油膜振荡的诊断及处理[J]. 浙江电力,2006,25(1):10 - 13.

[5] 郭越,王广顺. F 型燃气轮机振动问题解决方案研究[J]. 中国新技术新产品,2013 (14):134 - 135.

[6] 陈太文,符传福,邓杰铭,等. LM6000 燃气轮机振动故障分析及处理[J]. 企业技术开发,2012,31(29):98 - 99.

[7] 王荻,喻志强. MS6000B 型燃气轮机组振动故障分析及处理[J]. 广东电力,2003,16 (2):29 - 30.

[8] 巩桂亮,喻志强. M S6001B 燃气轮机发电机组轴向振动故障的分析处理[J]. 华东电力,2003,5:45 - 46.

［9］ 陈大兵,张斌,陈慧珍. PG6581B 燃气轮机切油后振动升高的原因及处理[J].科技传播,2010,14:173.

［10］ 韩建清. PG9351FA 燃机起动过程中振动大故障的分析[J].燃气轮机技术,2009,22(3):67－69.

［11］ 吴文健,戴惠庆.大型 9FA 燃气机组热瞬变振动的诊断及处理[J].热力透平,2014,43(3):212－215.

［12］ 赵云,王世君,刘岩.关于西气东输某站 GE 机组燃机振动偏大的原因分析[J].中国石油和化工标准与质量,2011,31(7):99.

［13］ 姜广义,王娟,姜睿.航空发动机风扇机匣振动故障分析[J].航空发动机,2011,37(5):38－39.

［14］ 张连祥,王娟.航空发动机热起动过程中的振动问题分析[J].振动与冲击,2010,29:132－133.

［15］ 柏树生,艾延廷,翟学,等.航空发动机整机振动常见故障及其排除措施[J].航空维修与工程,2011,1:43－45.

［16］ 郑旭东,张连祥.航空发动机整机振动典型故障分析[J].航空发动机,2013,39(1):34－35.

［17］ 唐治平.拉杆转子振动特性与故障模拟分析[D].武汉:华中科技大学,2007.

［18］ 杨东,刘忠华.某航空发动机转子弹性支承松动振动故障诊断研究[J].测控技术,2007,26(4):7－8.

［19］ 李洪伟,李明.某型航空发动机常见振动故障分析[J].新技术新工艺・质量检测与故障分析,2011,12:88－91.

［20］ 魏立勇.燃气轮机长期不稳定振动分析与治理[J].设备管理与维修,2009(8):47－48.

［21］ 李强.燃气轮机壳体振动高联锁跳车原因及处理对策[J].大氮肥,2013,36(3):199－201.

［22］ 葛向东,张德平,张东明,等.燃气轮机刷丝与平衡盘碰摩的振动故障诊断[J].航空发动机,2014,40(1):17－19.

［23］ 万召,孟光,荆建平,等.燃气轮机转子-轴承系统的油膜涡动分析[J].振动与冲击,2011,30(3):38－41.

［24］ 高金吉.旋转机械振动故障原因及识别特征研究[J].振动、测试与诊断,1995,15(3):1－8.

［25］ 王延博.电站大型燃气轮机振动持性[J].热力发电,2002(3):32.

［26］ Bogert B P, Healy M J R, Tukey J W. The quefrency alanysis of time series for echoes: Cepstrum, pseudo-autocovariance, cross-cepstrum and saphe cracking [C]//Proceedings of the symposium on time series analysis. Chapter, 1963,15:209－243.

［27］ BadaouiM E, Antoni J, Guillet F, et al. Use of the moving cepstrum integral to detect and localizetooth spalls in gears [J]. Mechanical Systems and Signal Processing,

2001,15(5):873 - 885.

[28] 苟执元,徐龙云,李贵明.基于倒频谱理论的滚动轴承故障检测[J].轴承,2007,1: 35 - 37.

[29] Tandon N. A comparison of some vibration parameters for the condition monitoring of rollingelement bearings [J]. Measurement,1994,12(3):285 - 289.

[30] 樊永生.机械设备诊断的现代信号处理方法[M].北京:国防工业出版社,2009.

[31] 马波,魏强,徐春林,等.基于 Hilbert 变换的包络分析及其在滚动轴承故障诊断中的应用[J].北京化工大学学报(自然科学版),2004,31(6):95 - 97.

[32] 白士红,孙斌.包络方法诊断齿轮箱故障[J].沈阳航空工业学院学报,2000,17(4): 73 - 74.

[33] QuL, Chen Y, Liu X. A new approach to computer-aided vibration surveillance of rotatingmachinery [J]. INT J Comp Applic Technol,1989,2(2):108 - 117.

[34] QuL, Liu X, Peyronne G, et al. The holospectrum:a new method for rotor surveillance anddiagnosis [J]. Mechanical Systems and Signal Processing,1989,3(3): 255 - 267.

[35] 李宵,裴树毅,屈梁生.全息谱技术用于化工设备故障诊断[J].化工进展,1997,(4): 33 - 37.

[36] 屈梁生.机械故障的全息诊断原理[M].北京:科学出版社,2007.

[37] Bruce A, Donoho D, Gao Hongye. Wavelet analysis [J]. IEEE Spectrum,1996,10: 26 - 35.

[38] 何正嘉,訾艳阳,张西宁.现代信号处理及工程应用[M].西安:西安交通大学出版社,2007.

[39] Wigner E. On the quantum correction for thermodynamic equilibrium [J]. Phys. Rev.,1932,40:749 - 759.

[40] Ville J. Theorie et applications de la notion de signal analytique [J]. Cables et Transmissions,1948,20(1):61 - 74.

[41] 来五星,轩建平,史铁林,等.Wigner-Ville 时频分布研究及其在齿轮故障诊断中的应用[J].振动工程学报,2003,16(2):247 - 250.

[42] 程发斌,汤宝平,刘文艺.一种抑制维格纳分布交叉项的方法及在故障诊断中应用[J].中国机械工程,2008,19(14):1727 - 1731.

[43] 姜建国,张智平,邱阿瑞.威格纳分布在异步电动机故障诊断中的应用[J].清华大学学报(自然科学版),1993,33(1):74 - 80.

[44] Baydar N, Ball A. A comparative study of acoustic and vibration signals in detection of gearfailures using Wigner-Ville distribution [J]. Mechanical Systems and Signal Processing,2001,15(6):1091 - 1107.

[45] Staszewski W, Worden K, Tomlinson G. Time-frequency analysis in gearbox fault

detection usingthe Wigner-Vllle distribution and pattern recognition［J］. Mechanical Systems and SignalProcessing，1997，11(5)：673－692.

［46］ Huang N E，Shen Z，Long S R，et al. The empirical mode decomposition and the Hilbert spectrumfor nonlinear and non-stationary time series analysis ［C］// Proceedings of the Royal Society of London A：Mathematical，Physical and Engineering Sciences. The Royal Society，1998，454(1971)：903－995.

［47］ 王殿武，张敬伟. 不对中故障的分析与诊断技巧［J］. 设备管理与维修，2005，10(8)：32－34.

［48］ 巩桂亮，喻志强. MS6001B 燃气轮机发电机组轴向振动故障的分析处理［J］. 华东电力，2003，5：45－48.

［49］ 应光耀，童小忠，吴文健. 9F 燃气机组油膜涡动和油膜振荡的诊断及处理［J］. 浙江电力，2006，1：10－13.

［50］ 张建中. 旋转机械常见典型故障机理与特征分析［J］. 广西轻工业，2008，7：32－33.

第7章 基于辅助系统故障的燃气轮机维护策略

燃气轮机辅助系统是燃气轮机不可缺少的部分,它的性能与机组的性能有直接的关系,只有辅助系统在正常运行情况下,才能有效地调节和控制机组的运行工况。燃气轮机辅助系统包括空气系统、燃料气系统、起动系统和滑油系统四个系统,本章分别对空气系统、燃料气系统、滑油系统和起动系统进行 FMECA 分析。

7.1 燃气轮机辅助系统组成功能描述

燃气轮机主体是由压气机、燃烧室和涡轮三大部件组成。燃气轮机通过压缩机中的空气压缩耗功,燃烧室中的燃烧放热,涡轮中的燃气膨胀做功以及最终的烟气排放四个过程来实现能量的转化。为了保证燃气轮机能够完成上述的几个过程,除了需要压气机、燃烧室和涡轮这三大能量转换部件外,还需要支撑这些主体部件能正常运转的辅助系统,燃气轮机的辅助系统包括空气系统、滑油系统、燃料气系统、起动系统四个辅助系统。下面针对燃气轮机空气系统、燃料气系统、滑油系统和起动系统进行详细的介绍。

7.1.1 空气系统组成功能描述

将空气系统按照功能划分为 6 个子系统:进气过滤子系统,脉冲反吹子系统,防冰子系统,透平排气子系统,箱体通风子系统,火警探测、报警和灭火子系统,如图 7-1 所示。

1) 进气过滤子系统

燃气轮机是以空气为工质,其进气空气质量和纯净度是提高机组性能和可靠性的重要因素。空气中无机物和有机物颗粒杂质会在燃气轮机通流部分产生侵蚀、积垢和腐蚀,但一般不会同时发生。对于电站燃气轮机,灰尘颗粒对叶片的侵蚀是较为突出的问题,对机组的寿命有很大影响[1, 2]。

燃气轮机进气过滤系统的作用即是对燃气轮机的空气进行处理,滤除杂质,以

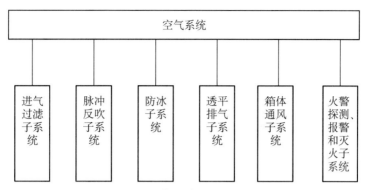

图 7 - 1　空气系统的子系统划分

改善燃气轮机压气机进口的空气质量,确保燃气轮机的性能。

对燃气轮机而言,当进口空气滤芯被污染或冬季结霜等原因发生堵塞时,进气压力损失将显著增大,导致压气机的进口压力降低,在保持燃气轮机压气机出口压力不变时,压气机的比功增加,这时涡轮的出力将更多地消耗于带动压气机,导致燃气轮机的功率和效率降低。另外,进气压力降低会使空气的比容增加,空气质量流量减少,也将导致机组输出功率的降低。因此,进气过滤系统对燃气轮机的经济性有较大影响[3—5]。

有关资料表明,燃气轮机压气机进口压降每增加 1 kPa,燃气轮机出力下降1.42%,热耗率增加 0.45%,排气温度上升 1.1℃。如果过滤效果差,又将在燃气轮机通流部分产生磨蚀和腐蚀等现象,会加速燃气轮机的性能老化,同时降低燃气轮机的可靠性。

2) 进气滤芯脉冲反吹子系统

随着滤芯两侧压差不断上升可考虑对其进行脉冲反吹清洗。通过给电磁阀一个开启信号,释放由隔膜阀封闭在气压室内的压力,允许压缩空气离开空气母管,经过隔膜阀吹出。压缩空气进入滤芯后,沿径向向外吹,吹下积聚在滤筒上的灰尘。

3) 防冰子系统

燃机在低温潮湿的环境下运行,进气道周围会结冰,脱落的冰块会造成严重的安全性、经济性后果。防冰子系统将热空气流喷入气道,可以有效地遏制结冰带来的不良影响。

4) 涡轮排气子系统

燃气轮机的排气系统接收从动力涡轮做完功后排出的高温燃气(废气)。排气的压力损失对机组的性能亦有一定的影响,但比进气损失的影响要小一些。通常认为排气损失增加 1%,功率下降 0.7%,热耗增加 0.5%,因此降低排气系统的压力损失仍是一个基本要求。同时也要考虑适当的消声措施。

5）箱体通风子系统

箱体通风空气由滤芯吸入,经空气通道进入燃气发生器舱前上方,在机舱后部排出,可由可调出口挡板来调整箱体的背压。箱体通风的目的是用冷却或低温空气来置换箱体内的热空气,达到降温和消除隐患的目的。

6）火警探测、报警和灭火子系统

火焰探测器探测到火情之后,释放二氧化碳钢瓶中的二氧化碳灭火。

各功能子系统的组成如下:

（1）进气过滤子系统。包括垂直安装的圆形滤芯,其中部分用于箱体通风。这种垂直放置的圆形滤芯配合反向脉冲系统使用,被吹离滤芯的灰尘可以自由地下落,不会造成二次污染,也不用考虑风向对燃机运行的影响。此外,春秋季湿度较高的地区安装了具有防潮功能的滤芯,进气系统有较好的抗湿性。

（2）脉冲反吹子系统。用于清洁滤芯的压缩空气,来自仪表风,通过安装在滤芯后面的吹管从相反方向吹入滤芯。吹管上安装的快速响应隔膜阀从安装在洁净气室外部的头部释放压缩空气。自动反吹功能可由压差开关或时间开关自动控制,也可由手动开关控制,每次脉冲反吹时,只有有限的滤芯被同时清洁,以保证进入机器的气流不受干扰。

（3）防冰子系统。包括常闭阀、电磁阀和排污阀。安装在寒冷、大湿度环境中的燃气轮机易发生进气系统结霜结冰现象,严重影响机组运行。为防止这种现象,进气系统用一个常闭的隔膜阀将压气机级间压缩空气和压气机进气连接,需要起动防冰系统时,通过一个电磁阀控制隔膜阀的开度,使温度较高的压气机级间压缩空气和进气混合,提高压气机入口温度,防止结冰。同时管路安装一个排污阀,排出冷却气体中冷凝回流的杂质。

（4）涡轮排气子系统。主要为排气蜗壳和排气管道,负责将在涡轮中做功后的尾气排放到环境。

（5）箱体通风子系统。主要为通风机及备用通风机。经过进气滤芯的空气进入箱体通风风道进入箱体后排空,通过调节通风机的功率调节箱体内的温度压力。

（6）火警探测、报警和灭火子系统。主要为火焰探测器和二氧化碳钢瓶。探头监测到火情时释放二氧化碳钢瓶中的二氧化碳,扑灭火焰。

进气系统的组成如图 7-2 所示。

7.1.2 燃料气系统功能组成描述

燃料气系统由燃料气辅助系统及进入燃烧室前的控制调节系统两部分组成,

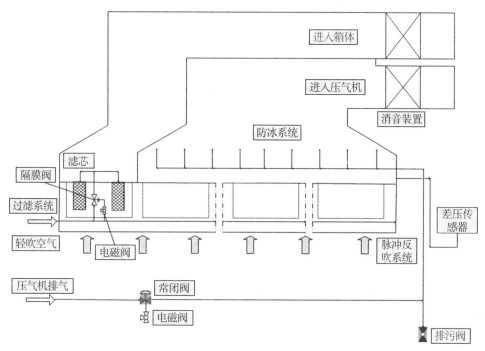

图 7 - 2　进气系统的组成

第一部分对燃料气进行净化,调温;第二部分为燃料气流量调节装置及燃料总管和燃料喷嘴。

　　燃气轮机燃气供给及调节系统是为了在燃机起动和运行的各种工况下,向燃气轮机供应满足燃烧室流量要求的燃料,并且可以根据操作人员指令或在保护系统动作时,及时而快速地关断燃料供应,保证燃机的安全。为了适应燃气轮机对气源的压力及品质要求,在天然气进入燃气轮机之前必须进行杂质的过滤和压力的稳定调节,同时为了保证燃气的温度超过露点温度,防止凝液出现,燃气进入燃烧室前需加热到一定的温度[6,7]。

　　燃气轮机燃料气系统应具有如下功能:

　　(1) 保证供给燃机燃烧室的天然气的清洁度。

　　(2) 保证向点火器供给所需压力和流量的天然气。

　　(3) 保证在机组正常停机和紧急停机时,快速切断燃料供给。

　　(4) 保证机组的运行要求,可调节供给燃烧室的天然气流量。

　　燃气轮机的燃料气系统主要是由流量测量装置、过滤分离器、电加热器、燃料气自动隔离阀、燃料气放空阀、压力调节阀、排污阀以及其他各类电磁阀等设备组成。整个系统可以看成是由计量系统、过滤系统、调压系统、加热系统组成,相应的燃机的燃料气系统的燃料气的走向示意如图 7 - 3 所示。

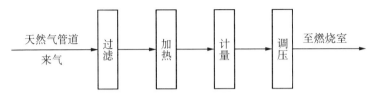

图 7 - 3　燃料气系统的走向

（1）过滤。包括旋风分离器、过滤器、排污系统以及相应的管道阀门，它的主要作用是对燃料气进行过滤、除杂，从而保证供给燃机燃烧室的天然气的清洁度。经过计量之后的燃料气进入过滤系统，首先进入旋风分离器，旋风分离器可除去直径较大的固体颗粒和液滴，以确保下游设备的安全，燃料气通过旋风分离器后进入到过滤器中进一步除杂过滤，用来除去直径更小的固体颗粒和液滴，为下游设备提供最优保护。此外，分离器、排污系统可在设备液位较高时进行排液。

（2）加热。主要包括电加热器设备，它的功能是将燃料气在进入燃烧室之前加热到一定的温度，实现对燃料气的温度控制。

（3）计量。包括流量计和温度、压力测量仪表，它的主要作用是测量在管道中实际输送状态下的燃料气流量。

（4）调压。包括燃料气调压阀、压力安全阀、切断阀及相应的管道和阀门组成，它的主要功能是调节燃气的进口压力，以满足燃气轮机对燃料气压力的调节和控制要求，实现对燃料气的压力控制。

燃料气系统的组成如图 7 - 4 所示。

为了便于分析，将燃料气系统按功能分为三个子系统，分别是燃料调节系统、过滤系统和安全保障系统，如图 7 - 5 所示。燃料调节系统主要实现对燃料气的流量、压力和温度的控制，主要包括调压和加热部分，有燃气调节停止阀、燃气自动隔离阀、电加热器、燃气调压阀等设备；过滤系统主要实现对燃料气进行过滤和除杂，从而使燃料气达到符合要求的清洁度，其中过滤部分包括过滤器、旋风分离器、排污阀等设备；安全保障系统主要用来保障燃料气系统运行过程的安全，主要包括燃料气切断阀、压力安全阀。

7.1.3　滑油系统

滑油系统是燃气轮机机组一个重要的系统。滑油系统的任务是：在机组的起动、正常运行及停机过程中，向燃气轮机和压气机的轴承、齿轮箱提供数量充足、温

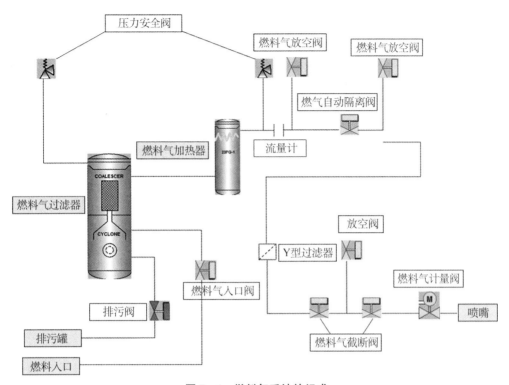

图 7‑4　燃料气系统的组成

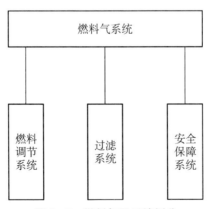

图 7‑5　燃料气子系统划分

度和压力适当、清洁的润滑油,以减少摩擦与磨损,并带走其所产生的热量,从而防止轴颈过热造成弯曲而引起振动或轴承磨损,润滑油也供给液压启动器作为液压流体及润滑用。除此之外,一部分润滑油分流出来,经过过滤后作为液压控制油或液压控制装置的控制流体[8]。

润滑油有矿物油与合成油之分,现简述如下:

矿物油:此类润滑油是直接由地底挖出的原油提炼而成,其原料是石油经过常压蒸馏下来的塔底油。简单说来,就是提炼石油剩下的废油残渣,再经过添加化学成分而成。矿物油具有一定的润滑性能,但耐用性一般。

合成油:顾名思义是100%合成的机油,由化学单体经由化学反应而成的聚合物,具有抗老化、抗磨损、抗泡沫、清净、流动快等多项优点,品质高且耐用性强,因此价格上也高于矿物油。

典型燃气轮机驱动离心式压气机组都是由矿物油系统和合成油系统组成。矿物油系统用于润滑动力涡轮和压气机,合成油系统用于润滑燃气发生器。

对滑油系统进行功能子系统划分,可以划分为合成润滑油系统和矿物润滑油系统,如图7-6所示。

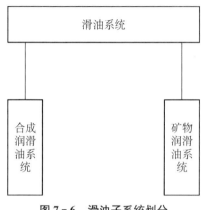

图 7-6 滑油子系统划分

1) 合成润滑油系统

合成润滑油系统用于润滑和冷却燃气发生器转子轴承、附属齿轮箱,一部分润滑油用于压气机入口可调静叶的执行机构。其组成如图7-7所示。

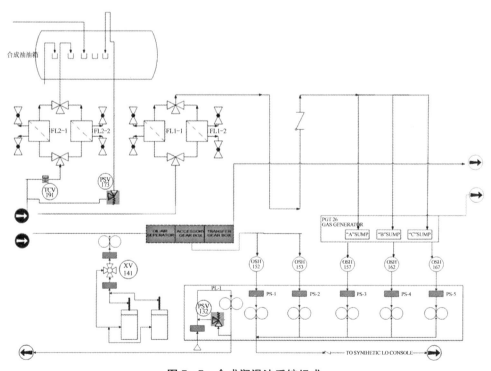

图 7-7 合成润滑油系统组成

2) 矿物润滑油系统

矿物润滑油系统用于润滑动力涡轮和压气机。其系统组成如图 7 - 8 所示。

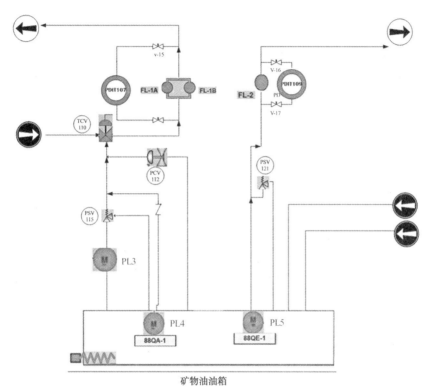

图 7 - 8　矿物油系统组成

7.1.4　液压起动系统

燃气轮机的起动是将燃气发生器(GG)从 0 转速拖转到自起动转速的一个过程。燃气轮机起动系统按照传递动力的介质可以分为气动起动系统和液压起动系统。气动起动系统由一个气动涡轮构成,它可用空气或天然气作为传递压力的介质,只要选用一个适合用于空气起动系统的起动器调节阀,起动器就可以经过齿轮箱来拖动燃气发生器的转子,起动器调节阀允许或中断流体进入起动器,并调整流体介质的流量到合适的压力和流量;液压起动器主要由一个液压泵组成,它选用液压油作为传递介质。由于液压油具有不可压缩性,因此传递压力的能力明显好于气体。

液压起动系统通过变流量和变压力的液压泵传送液压油,驱动燃气发生器上安装的液压起动马达运转,带动燃气发生器转动,而液压泵通过弹性联轴器连接在一台电动机带动。该系统可以通过液压油的流动,形成不同的容量和压力,以使安装在燃气发生器上的液压起动马达工作。液压起动系统的作用主要包括拖动、清吹和提升转速三个方面[10]。

该起动系统采用的是定排量柱油泵和可变排量的斜盘柱塞泵,液压油的压力可以通过控制斜盘柱塞泵角度的伺服阀来调节。

燃气轮机的液压起动系统是由液压泵、电动马达、油箱、油滤、冷却风机、电加热器、各类电磁阀等设备组成。

液压起动系统的组成如图 7-9 所示。

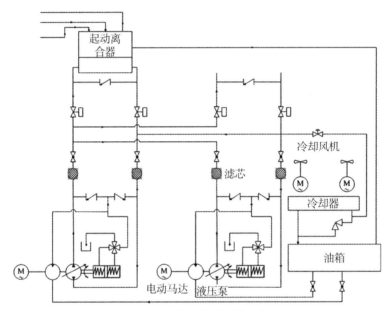

图 7-9 液压启动系统组成

可以进一步把液压起动系统划分为油温控制子系统、过滤子系统以及加压子系统,如图 7-10 所示。

(1) 油温控制子系统,包括油箱,冷却风机,电加热器等设备。它的主要作用是控制液压油的温度在规定的范围内,以保障其他设备特别是液压泵的正常工作。

(2) 过滤子系统,主要由过滤器组成,它的主要作用是保证液压油的清洁。

(3) 加压子系统,主要包括液压泵,电动马达,安全阀等设备。它的作用主要是将液压油的压力提高到合适的压力,用来带动燃气发生器转动从而起动燃气轮机。

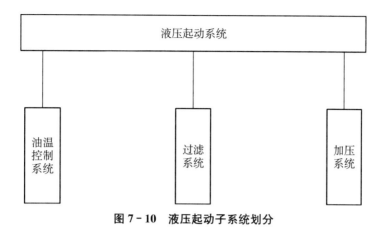

图 7 - 10 液压起动子系统划分

7.2 燃气轮机辅助系统故障列举

根据上面对燃气轮机辅助系统进行的系统划分以及各个系统里的可维护部件划分,列举各系统的可维护部件的故障模式(见表 7 - 1)。

7.2.1 空气系统故障模式

空气系统[6, 11—13]共分为 6 个功能子系统,其中可维护的部件 8 类,故障模式 14 种,具体如表 7 - 1 所示。

表 7 - 1 空气系统的故障模式

子系统名称	部件名称	故障模式
防冰子系统	防冰阀	泄漏
	防冰电磁阀	电路故障
		电磁活门无法复位
过滤子系统	进气滤芯	滤芯破损
		滤芯套管机械泄漏
		滤芯堵塞
脉冲反吹子系统	脉冲反吹电磁阀	电路故障
		电磁活门无法复位
	反吹隔膜阀	隔膜破坏

子系统名称	部件名称	故障模式
排气子系统	排气蜗壳	泄漏
		堵塞
箱体通风子系统	通风机	叶片损坏
		电路故障
火警探测、报警和灭火子系统	二氧化碳钢瓶	泄漏

7.2.2 燃料气系统的故障模式

燃料气系统[7,14—15]共分为 3 个功能子系统，其中可维护的部件 11 类，故障模式 20 种，具体如表 7 - 2 所示。

表 7 - 2 燃料气系统的故障模式

子系统名称	部件名称	故障模式
燃料调节系统	燃气调节停止阀	泄漏
	燃气自动隔离阀	电路故障
	暖机阀	泄漏
	燃料气放空阀	电路故障
		泄漏
	电加热器	电路故障
		电加热器表面污染严重
	燃气调压阀	电路故障
		泄漏
过滤系统	过滤器	滤芯破损
		泄漏
		堵塞
	旋风分离器	气路短路
		堵塞
	过滤器疏水阀	泄漏
		堵塞或无法正常开启

（续表）

子系统名称	部件名称	故障模式
安全保障系统	燃气关闭阀	泄漏
	压力安全阀	泄漏
		频跳
		卡阻

7.2.3　滑油系统

滑油系统[16—18]共分为 2 个功能子系统，其中可维护的部件 12 类，故障模式 29 种，具体如表 7 - 3 所示。

表 7 - 3　滑油系统的故障模式

子系统名称	部件名称	故障模式
合成油系统	电加热器	工作过程中超温、过热
		电源电压超压或欠压
	合成油油箱	紧固件松动、密封垫损坏
		附件机匣内的齿轮等磨损
		密封胶受损和起层剥落
	双联过滤器	滤芯堵塞
		滤清器套管或管道有机械泄漏
		滤芯损坏或老化
	温控阀	阀门开启异常
	齿轮泵	振动或异响
		密封系统失效
		油泵轴承磨损
矿物油系统	齿轮泵	振动或异响
		密封系统失效
		油泵轴承磨损
	电动马达	有异响或振动
		马达电阻积碳

子系统名称	部件名称	故障模式
	压力调节阀	阀门开启异常
	矿物油油箱	紧固件松动、密封垫损坏
		附件机匣内的齿轮等磨损
		密封胶受损和起层剥落
	双联过滤器	滤芯堵塞
		滤清器套管或管道有机械泄漏
		滤芯损坏或老化
	单联过滤器	滤芯堵塞
		滤清器套管或管道有机械泄漏
		滤芯损坏或老化
	空冷器风机	风机的叶片损伤或变形
		防护网或排空阀泄漏损坏

7.2.4 液压起动系统

液压起动系统共分为 3 个功能子系统，其中可维护的部件 7 类，故障模式 13 种，具体如表 7-4 所示。

表 7-4 液压启动系统的故障模式

子系统名称	部件名称	故障模式
加压子系统	电动马达	输出转矩减少
		转速降低
		轴承温度升高
	液压泵	泄漏
		轴承损伤
	电磁阀	电路故障
	压力控制阀	密封圈损坏

（续表）

子系统名称	部件名称	故障模式
冷却子系统	冷却风机	风量过小
	电动马达	输出转矩减少
		转速降低
		轴承温度升高
过滤子系统	过滤器	堵塞
		滤芯破损

7.3　燃气轮机辅助系统 FMECA 分析

根据前面对燃气轮机辅助系统、部件划分以及部件故障模式的划分，根据 3.5 节介绍的 FMECA 方法，针对空气系统、燃料气系统、滑油系统和液压起动系统进行 FMECA 的分析。将分析后的结果填入 FMECA 分析表格（见表 7-5～表 7-8）。

根据燃气轮机辅助系统的 FMECA 的分析结果，将故障模式的后果等级与发生概率相乘，根据形成的危害性矩阵评定该故障模式的风险。燃气轮机空气系统、燃料气系统、滑油系统、液压起动系统的危害性分析如下。

1）空气系统故障危害性分析

空气系统的风险等级有低、中两种类型，没有高风险的故障模式，包括 12 种低风险的故障模式以及 2 种中风险的故障模式。这 2 种中风险的故障模式分别是进气滤芯的破损和套管或管道有机械泄漏。过滤器的滤芯破损和套管或管道有机械泄漏，导致燃料气带有杂质进入燃烧室和涡轮，对燃烧室、涡轮造成不同程度的损坏，造成很高的维修成本，后续成本的风险等级均属于 5A，属于中等的后续成本风险影响故障模式。

2）燃料气系统故障危害性分析

燃料气系统的风险等级有低、中两种类型，没有高风险的故障模式，包括 18 种低风险的故障模式以及 3 种中风险的故障模式。这 3 种中风险的故障模式分别是过滤器疏水阀无法正常关闭，过滤器滤芯的破损和泄漏。过滤器的疏水阀无法正常关闭，使高压天然气反串到排液罐，可能造成排液罐超压破损，具有比较大的安全隐患，安全风险等级为 3C，属于中等安全风险影响的故障模式；而过滤器的滤芯破损和泄漏，导致燃料气带有杂质进入燃烧室和涡轮，对燃烧室、涡轮造成不同程度的损坏，造成很高的维修成本，后续成本的风险等级均属于 5A，属于中等的后续成本风险影响故障模式。

表7-5 空气系统FMECA分析

子系统名称	部件名称	故障模式	故障原因	对自身的影响	对其他部件的影响	发生概率	安全后果	环境后果	生产损失	后续成本	总体风险	故障后果
防冰子系统	防冰阀	泄漏	密封损坏	处于关闭状态仍有密封气体流过	增加压气机进口空气温度,压气机效率降低,系统功率降低	A	1	1	2	1	L	使用性后果
	防冰电磁阀	无法打开电磁阀	机械或电路故障	无法正常打开	冬季湿度较大等需要起动防冰系统的工况下,无法起动防冰系统,可能造成压气机入口结冰,降低系统经济性与安全性	A	1	1	2	2	L	隐蔽性后果
		电磁活门无法复位	机械或电路故障	电磁阀打开之后,不能关闭	防冰系统起动之后,无法关闭,压气机入口温度上升,压气机效率降低,系统功率降低	A	1	1	2	2	L	使用性后果
过滤子系统	进气滤芯	滤芯破损	老化	有大量杂质通过过滤装置	对压气机、燃烧室、涡轮造成不同程度的损坏,严重降低使用寿命	A	2	1	1	5	M	安全性后果
		滤芯套管机械泄漏	连接处有缝隙	有少量杂质通过过滤装置	对压气机、燃烧室、涡轮造成不同程度的损坏,略微降低使用寿命	A	2	1	2	5	M	安全性后果
		滤芯堵塞	滤芯过脏	滤芯处压损较大	压气机入口压力降低,压气机耗功与效率增加,系统经济性降低,机组功率降低	B	1	1	2	1	L	使用性后果

（续表）

子系统名称	部件名称	故障模式	故障原因	对自身的影响	对其他部件的影响	发生概率	安全后果	环境后果	生产损失	后续成本	总体风险	故障后果
脉冲反吹子系统	脉冲反吹电磁阀	无法打开电磁阀	机械或电路故障	无法正常打开	需要对滤芯进行反吹时，无法启动反吹系统，进气系统压力降低，压气机入口压力降低，压损耗功增大，系统效率降低	A	1	1	2	2	L	使用性后果
		电磁活门无法复位	机械或电路故障	电磁阀打开之后，不能关闭	反吹系统启动后，一直有反吹气体流经滤芯，影响正常进气	A	1	1	2	2	L	非使用性后果
	反吹隔膜阀	隔膜破坏	破损	一直有仪用空气通过隔膜阀	部分滤芯上一直有反向脉冲气的作用，对正常进气造成一定的影响	A	1	1	2	2	L	非使用性后果
排气子系统	排气蜗壳	泄漏	破损	高温涡轮排气进入生产区	引起生产区的安全隐患	A	2	1	1	1	L	安全性后果
		堵塞	设备过脏	涡轮背压上升	动力涡轮出功降低，全厂热效率降低	A	1	1	2	1	L	使用性后果
箱体通风子系统	通风机	叶片损伤	机械损伤	通风机振动增加，风量减小	风量不足以满足箱体通风的需求，箱体温度上升	A	1	1	2	1	L	使用性后果
		无法正常运行	电路故障	无法按照需求调节通风机风量	不能使箱体内的温度压力保持在规定范围内，导致不必要的停机	A	1	1	2	2	L	使用性后果

（续表）

子系统名称	部件名称	故障模式	故障原因	对自身的影响	对其他部件的影响	发生概率	安全后果	环境后果	生产损失	后续成本	总体风险	故障后果
火警探测、报警和灭火子系统	二氧化碳钢瓶	泄漏	破损	出现火情时,灭火剂储量无法满足需求	可能无法扑灭箱体内火焰,造成巨大的财产损失,带来安全隐患	A	3	1	1	1	L	隐蔽性后果

表 7 - 6　燃料气系统 FMECA 分析表

子系统名称	部件名称	故障模式	故障原因	自身影响	对其他部件影响	发生概率	安全后果	环境后果	生产损失	后续成本	总体风险	故障后果
燃料调节系统	燃气调节停止阀	泄漏	连接处有缝隙	燃料气直接泄漏	燃气直接泄漏到环境中,具有一定的安全隐患	A	2	1	1	2	L	安全性后果
	燃气自动隔离阀	电路故障	断路或短路	无法打开或关闭阀门	造成停机,阀门不能正常打开造成输出功率的损失	A	1	1	3	2	L	使用性后果
	暖机阀	泄漏	连接处有缝隙	燃料气直接泄漏	燃气直接泄漏到环境中,具有一定的安全隐患	A	2	1	1	2	L	安全性后果
		电路故障	电路短路或断路	无法打开阀门	不能按要求打开,影响起机,造成较大的生成损失	A	1	1	1	3	L	使用性后果
	燃料气放空阀	泄漏	连接处有缝隙	处于关闭状态燃气仍泄漏,可在线紧固或切换备机	燃气直接泄漏到环境中,具有一定的安全隐患,引起介质损失	A	2	1	1	1	L	安全性后果

（续表）

子系统名称	部件名称	故障模式	故障原因	自身影响	对其他部件影响	发生概率	安全后果	环境后果	生产损失	后续成本	总体风险	故障后果
	电加热器	电路故障	电路短路或断路	加热器无电流通过，不能加热燃气	燃气无法达到设计的温度，降低机组的生成效率	A	1	1	2	1	L	使用性后果
		电加热器表面污染严重	燃料气有污染物附着在其表面	增加了传热热阻，降低了传热效果	要到达燃气要求的温度，需要增大输入功率，造成一定的生成损失	A	1	1	2	1	L	使用性后果
	燃气调压阀	电路故障	电路短路或断路	不能对阀门进行操作调整	燃气的压力不能进行相应的调节，降低了机组的效率	A	1	1	2	2	L	使用性后果
		泄漏	连接处有缝隙	正常工作时，燃气会泄漏，可在连接处紧固或切换备机	影响压力控制阀的性能，造成燃气的压力的波动，影响机组性能	A	2	1	2	2	L	安全性后果
过滤系统	过滤器	滤芯破损	长期使用	有大量杂质通过过滤装置	对燃烧室、涡轮造成不同程度的损坏，严重降低使用寿命	A	2	1	1	5	M	安全性后果
		泄漏	连接处有缝隙	有少量杂质通过过滤装置	对涡轮造成不同程度的损坏，略微降低使用寿命	A	2	1	1	5	M	安全性后果
		堵塞	滤芯过脏	使过滤器的压阻过大	使燃气的压力达不到要求	B	1	1	2	1	L	使用性后果

（续表）

子系统名称	部件名称	故障模式	故障原因	自身影响	对其他部件影响	发生概率	安全后果	环境后果	生产损失	后续成本	总体风险	故障后果
	旋风分离器	气路短路	连接处有缝隙	分离过滤效果变差	后面有过滤器进行过滤，但严重降低后面过滤器的使用寿命	A	2	1	1	3	L	安全性后果
		堵塞	过滤器过脏	压降过高	使燃气的压力达不到要求	A	1	1	2	1	L	使用性后果
	过滤器疏水阀	泄漏	连接处有缝隙	处于关闭状态仍离分液漏	分离液直接泄漏到环境中，造成环境污染，造成过滤器液位过低，易导致排污系统串气	B	2	2	1	2	L	安全性后果
		堵塞或无法正常开启	电路短路或电路断路	过滤器中的液位过高，致使过滤效果变差	燃气过滤效果不好，容易夹带液滴，可通过巡检监控或运行及时发现，即可通过手动排污阀排污，影响不大	B	1	1	1	3	L	非使用性后果
安全保障系统	燃气关闭阀	泄漏	连接处有缝隙	处于关闭状态燃气仍泄漏	燃气直接泄漏到环境中，具有一定的安全隐患，引起一定质损失	A	2	1	1	1	L	安全性后果
	压力安全阀	泄漏	连接处有缝隙	处于关闭状态燃气仍泄漏	燃气直接泄漏到环境中，具有一定的安全隐患，引起一定质损失	A	2	1	1	1	L	安全性后果

（续表）

子系统名称	部件名称	故障模式	故障原因	自身影响	对其他部件影响	发生概率	安全后果	环境后果	生产损失	后续成本	总体风险	故障后果
		频跳	电路逻辑有误	安全阀反复动作，造成安全阀的磨损，降低使用寿命	频跳无法达到需要的排放量，使系统的压力过高	A	2	1	1	2	L	安全性后果
		卡阻	长时间不用，出现卡涩	达到设定的压力后，由于卡阻不能打开，排放燃气	致使系统的压力进一步提升，具有一定的安全隐患	A	3	1	1	2	L	安全性后果

表7-7 滑油系统FMECA分析表

子系统名称	部件名称	故障模式	故障原因	对自身的影响	对其他部件的影响	发生概率	安全后果	环境后果	生产损失	后续成本	总体风险	故障后果
合成油系统	电加热器	工作过程中超温、过热	机械磨损	影响加热器自身寿命	油温过高，导致转子轴承、机油箱和附属齿轮箱润滑不良，部件磨损加剧	A	1	1	1	2	L	安全性后果
		电源电压超压或欠压	电路故障	加热器不能在额定工况下工作	影响自身寿命和油箱寿命	A	1	1	1	2	L	安全性后果
	合成油油箱	紧固件松动、密封垫损坏	破损	产生泄漏	油箱内合成油量减少	B	1	1	1	1	L	安全性后果

（续表）

子系统名称	部件名称	故障模式	故障原因	对自身的影响	对其他部件的影响	发生概率	安全后果	环境后果	生产损失	后续成本	总体风险	故障后果
		附件机匣内的齿轮等磨损	机械磨损	滑油中出现金属屑	可能堵塞滑油油路，造成滑油供油中断	A	2	1	1	1	L	安全性后果
		密封胶受损和剥落	老化	产生泄漏和碎屑	产生漏油并污染密封舱	A	2	1	1	1	L	安全性后果
	双联过滤器	滤芯堵塞	滤芯过脏	滤芯处压损较大	回油与供油均受到影响，可能堵塞滑油油路，造成滑油供油中断	B	1	1	1	1	L	安全性后果
		滤清器或管道有机械泄漏	连接处有缝隙	过滤不足，有少量杂质通过过滤装置	对主油箱、燃气发生器造成不同程度的损坏，略微降低使用寿命	B	2	1	1	1	L	安全性后果
		滤芯损坏	老化	过滤不足，有大量杂质通过过滤装置	对主油箱、燃气发生器造成不同程度的损坏，严重降低使用寿命	C	2	1	1	1	L	安全性后果
	温控阀	阀门开启异常	电路或机械部件异常	温控阀不能正常工作	回油的温度过高，经过过滤器会对滤芯造成损坏，同时使油箱温度变高	A	1	1	1	1	L	安全性后果
	齿轮泵	振动或异响	轴系不平衡	加剧齿轮或其他部件的磨损	加剧其他部件的磨损，影响轴承回油返回主油箱	A	3	1	1	2	L	安全性后果
		泄漏	密封失效	油液泄漏，流量下降	影响轴承回油返回到主油箱	B	1	1	2	1	L	使用性后果

（续表）

子系统名称	部件名称	故障模式	故障原因	对自身的影响	对其他部件的影响	发生概率	安全后果	环境后果	生产损失	后续成本	总体风险	故障后果
矿物油系统	矿物油油箱	油泵轴承损伤	轴承磨损	产生高温和金属碎屑	滑油温度升高引起滑油碳化而变黑	A	1	1	2	2	L	使用性后果
		紧固件松动、密封垫损坏	破损	产生泄漏	油箱内矿物油量减少	B	1	1	1	1	L	安全性后果
		附件机匣内的齿轮等磨损	机械磨损	滑油中出现金属屑	可能堵塞滑油路，造成滑油供油中断	A	2	1	1	1	L	安全性后果
		密封胶受损和起层剥落	老化	产生泄漏和碎屑	产生漏油并污染密封舱	A	2	1	1	1	L	安全性后果
	双联过滤器	滤芯堵塞	滤芯过脏	滤芯处压损较大	供油受到影响，可能堵塞滑油路，造成滑油供油中断	B	1	1	1	1	L	安全性后果
		滤清器器套管或管道有机械泄漏	连接处有缝隙	过滤不足，有少量杂质通过过滤装置	对压气机、动力涡轮造成不同程度的损坏，略微降低使用寿命	B	2	1	1	2	L	安全性后果
		滤芯损坏	老化	过滤不足，有大量杂质通过过滤装置	对压气机、动力涡轮造成不同程度的损坏，严重降低使用寿命	B	2	1	1	5	M	安全性后果

（续表）

子系统名称	部件名称	故障模式	故障原因	对自身的影响	对其他部件的影响	发生概率	安全后果	环境后果	生产损失	后续成本	总体风险	故障后果
	单联过滤器	滤芯堵塞	滤芯过脏	滤芯处压损较大	造成备用油路受阻	B	1	1	1	1	L	安全性后果
		滤清器套管或管道有机械泄漏	连接处有缝隙	过滤不足，有少量杂质通过过滤装置	对压气机、动力涡轮造成不同程度的损坏，略微降低使用寿命	B	2	1	1	2	L	安全性后果
		滤芯损坏	老化	过滤不足，有大量杂质通过过滤装置	对压气机、动力涡轮造成不同程度的损坏，严重降低使用寿命	B	2	1	1	5	M	安全性后果
	压力调节阀	阀门开启异常	电路或机械部件异常	阀门的流量调节功能失效	返回到主油箱的回油流量不稳定	A	1	1	1	1	L	非使用性后果
	齿轮泵	振动或异响	轴系不平衡	加剧齿轮或其他部件的磨损	加剧其他部件的磨损，可能引起停机	A	3	1	1	2	L	安全性后果
		泄漏	密封失效	油液泄漏、流量下降	矿物润滑油供给不足，从而影响动力涡轮和压气机的润滑	B	1	1	2	1	L	使用性后果
		油泵轴承损伤	轴承磨损	产生高温和金属碎屑	滑油温度升高引起滑油碳化而变黑	A	1	1	2	2	L	使用性后果

（续表）

子系统名称	部件名称	故障模式	故障原因	对自身的影响	对其他部件的影响	发生概率	安全后果	环境后果	生产损失	后续成本	总体风险	故障后果
	电动马达	有异响或振动	轴系不平衡	马达卡阻	辅助油泵无法工作，从而影响动力涡轮和压气机的润滑	A	3	1	1	2	L	安全性后果
		马达电阻积碳	老化	造成接触不良	电流波动，油泵不能正常工作	A	1	1	2	1	L	使用性后果
	空冷器风机	风机的叶片损伤或变形	机械损伤	对空气冷却作用降低	机组设备的传热性能降低	A	1	1	2	1	L	使用性后果
		防护网损坏	机械损伤	造成风机失去保护	使风机的寿命降低	A	1	1	2	1	L	使用性后果

表 7 - 8 液压起动系统 FMECA 分析

子系统名称	部件名称	故障模式	故障原因	对自身的影响	对其他部件的影响	发生概率	安全后果	环境后果	生产损失	后续成本	总体风险	故障后果
加压子系统	电动马达	输出转矩减少	电路故障	电动马达所能承受的负载降低	液压泵的排量和压力降低，使整个系统不能起动	A	1	1	1	1	L	使用性后果
		转速降低	电路故障	使电动马达自身发热，降低马达的寿命	使液压泵的排量减少	A	1	1	2	1	L	使用性后果
		轴承温度升高	润滑效果差	轴承润滑不良，影响马达寿命和输出转矩	对生产造成损失，增加维修成本	A	1	1	1	2	L	隐蔽性后果

（续表）

子系统名称	部件名称	故障模式	故障原因	对自身的影响	对其他部件的影响	发生概率	安全后果	环境后果	生产损失	后续成本	总体风险	故障后果
	液压泵	泄漏	密封失效	泵的流量下降，工作压力降低	出口的油压降低，影响系统的起动	A	1	1	2	1	L	使用性后果
		轴承损伤	轴承磨损	使自身可靠性和工作寿命降低，工作效率降低	油温升高，使液压泵等部件在高温下工作，使其效率和寿命下降	A	1	1	2	2	L	使用性后果
	电磁阀	不能按要求动作	电路故障	不能正常调节门的开度	不能对油量进行调节	A	1	1	1	2	L	使用性后果
	压力控制阀	密封圈损坏	磨损	不能正常的控制油入口压力，液压油泄漏	油压不能达到预定要求，损坏油冷器	A	1	1	2	2	L	使用性后果
冷却子系统	冷却风机	风量过小	转速低	造成冷却效果不好，油温过高	使液压泵等部件的泄漏增加以及在高温下工作，使其效率下降	A	1	1	2	1	L	使用性后果
	电动马达	输出转矩减少	电路故障	电动马达所能承受的负载降低	冷却风机的冷却风量不足，导致冷却效果不好	A	1	1	1	1	L	使用性后果
		转速降低	电路故障	使电动马达自身发热，降低马达的寿命	冷却风机的冷却风量不足，导致冷却效果不好	A	1	1	1	1	L	使用性后果
		轴承温度升高	润滑效果差	轴承润滑不良，影响马达寿命和输出转矩	对生产造成损失，增加维修成本	A	1	1	1	3	L	隐蔽性后果

（续表）

子系统名称	部件名称	故障模式	故障原因	对自身的影响	对其他部件的影响	发生概率	安全后果	环境后果	生产损失	后续成本	总体风险	故障后果
过滤子系统	过滤器	堵塞	滤芯过脏	过滤器的前后压差大，液压油的压力降低	需要增加液压泵的负荷，否则影响系统的启动	A	1	1	2	1	L	使用性后果
		滤芯破损	老化	过滤效果变差，液压油污染严重	造成液压泵等部件的磨损，泄漏增加，降低其寿命	A	2	1	1	3	L	安全性后果

3) 滑油系统故障危害性分析

滑油系统的风险等级低、中两种类型,没有高风险的故障模式,包括25种低风险故障模式以及4种中风险故障模式。这4种中风险的故障模式分别是矿物油系统的双联过滤器和单联过滤器的滤清器套管或管道有机械泄漏以及滤芯破损故障模式,这4种故障都使过滤器的过滤效果变差,对压气机、动力涡轮造成不同程度的损坏,严重降低使用寿命,造成很高的维修成本,后续成本的风险等级均属于5B,属于中等的后续成本风险影响故障模式。

4) 液压起动系统危害性分析

液压起动系统的风险等级只有低风险等级,共有13种低风险的故障模式。以过滤子系统为例来说明,过滤子系统的故障模式主要有堵塞、滤芯破损。滤芯破损会导致过滤效果变差,液压油污染严重,造成液压泵等部件的严重磨损,严重降低设备的寿命,造成比较大的安全隐患以及后续成本,但是从未发生过,安全后果等级为A2,后续成本等级为A3,由于发生的概率很低,综合后属于低风险的故障模式。滤芯堵塞会导致液压油的压力降低,相应地要增加液压泵的负荷,其影响仅限于经济性层面,比滤芯破损轻得多,主要会造成一定的生产运行损失,生产运行成本的风险等级为A2,综合后属于低风险的故障模式。

参 考 文 献

［1］骆桂英,俞立凡. 燃气轮机进气过滤系统的运行[J]. 发电设备,2008,5:398 - 403.

［2］张楹,王文霖. 西门子 SGT5 - 4000F 型燃气轮机进气系统简介[J]. 热力透平,2009,38 (2):122 - 125.

［3］程元. 燃气轮机通流部件维护周期优化决策模型研究[D]. 杭州:浙江大学,2014.

［4］Brekke O. Performance deterioration of intake air filters for gas turbines in offshore installations ［C］//ASME Turbo Expo 2010: Power for Land, Sea, and Air. American Society of Mechanical Engineers, Glasgow, UK, 2010:685 - 694.

［5］Wilcox M. Gas turbine inlet filtration system life cycle cost analysis ［C］//Proceedings of the ASME Turbo Expo. , Vancouver, Canada: ASME, 2011:675 - 682.

［6］尹琦岭. 燃气轮机燃料气系统的运行维护[J]. 燃气轮机技术,2003,16(3):56 - 58.

［7］陈健,杨道刚. 燃气轮机气体燃料系统设计的关键技术研究[J]. 发电设备,2003,3: 1 - 4.

［8］衣爽. 燃气轮机滑油和燃料系统故障诊断与预测研究[D]. 哈尔滨:哈尔滨工程大学,2012.

［9］Cao Y P, Li S Y, Yi S, et al. Fault diagnosis method for gas turbine gas fuel system using a SOM network [J]. Advanced Science Letters, 2012,5:1 - 7.

［10］任春雨.长输管道中燃气轮机液压启动系统的研究与建议［J］.机电信息,2012,6：
54－55.

［11］陈仁贵,陶月.燃气轮机进气系统结霜分析及对策［J］.热能动力工程,2005,20(6)：
647－649.

［12］赵世杭.燃气轮机结构［M］.北京：清华大学出版社,1983.

［13］Giampaolo T. The gas turbine handbook：Principles and practices［M］. Georgia：The
Fairmont Press,Inc. ,2003.

［14］陈立平.9FA 燃气轮机气体燃料供应系统若干问题的分析处理［J］.发电设备,2008,1：
35－39.

［15］尹琦岭,赵立国.燃气轮机燃料气系统技术改进和维护方法［J］.化工科技市场,2003,
7：14－17.

［16］张章军.9E 燃气轮机润滑油系统的故障分析及处理［J］.发电设备,2009,3：173－176.

［17］施学军.MS6001 型燃气轮机启动过程故障分析［J］.能源工程,2000,2：35－36.

［18］赵亮,张斌.MS5002C 型燃机启动过程故障分析及处理［J］.中国化工装备,2011,2：
32－34.

第8章 RCM 技术在燃气轮机中的应用实例

如以前章节所述,进行燃气轮机 RCM 分析时,需要利用多个 RCM 分析方法和工具,如故障模式影响及危害性分析方法(FMECA)、逻辑决断方法、RCM 维修决策模型等。为了能让读者更清晰地理解前面章节介绍的燃气轮机 RCM 技术,本章介绍了将 RCM 技术应用于目标燃驱压缩机组的分析过程,重点阐述了关于目标燃驱压缩机组组成结构、RCM 分析与维护方式决策过程,介绍了定时维护方式的周期确定方法和视情维护方式的诊断依据,最终给出了目标燃驱压缩机组基于 RCM 的维护大纲。

8.1 目标燃气轮机驱动压缩机组概述

目标燃气轮机是由燃气发生器和动力涡轮构成的。其中燃气发生器是由 17 级轴向压气机、单环燃烧室和两级高压涡轮机组成。高速动力涡轮(HSRT)是一个连接到燃气发生器上并由燃气发生器排气来驱动的空气动力驱动型两级高速涡轮机。整个燃气轮机被装入到一个消音罩内,消音罩带有控制内部温度的通风系统、灭火系统、气体检测系统和内部照明。燃气轮机在 ISO 条件下的输出转速为 6 100 r/min,最大输出功率为 31 364 kW[1]。

该燃气轮机驱动一台四级离心式压缩机构成燃驱压缩机组。离心式压缩机与动力涡轮通过轴连接,利用燃气轮机的输出功率为压缩机内的天然气增压。通过调节燃气轮机的燃料量与可变几何特性,即可控制燃气轮机的转速与功率,实现对天然气出口压力的调节,完成天然气压气站的生产任务。为了保障燃驱压缩机组的正常工作,还需配以若干辅助系统,主要包括空气系统、合成油系统、矿物油系统、燃料气系统、液压启动系统、干气密封系统。目标燃气轮机驱动压缩机组的结构如图 8-1 所示。

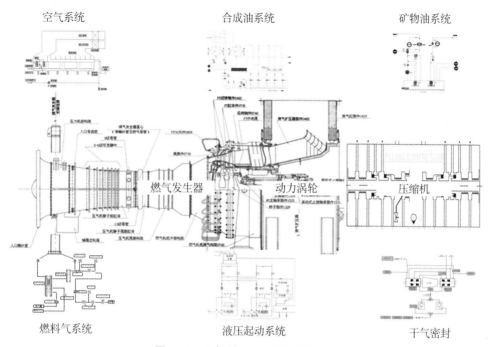

图 8 - 1　目标燃驱压缩机组总体结构

　　目标燃气轮机的燃气发生器的结构如图 8 - 2 所示。由一个 17 级高压压气机（HPC）、一个单环燃烧室、一个 2 级高压涡轮机（HPT）、一个附加驱动系统、控制系统和附件组成。高压压气机（HPC）和高压涡轮机（HPT）转子由配套齿条连接构成。当从后面向前看的时候，高压转子是顺时针转动的。引入管和中心体是安装在压气机前机匣上的发动机入口部件。构架为燃气轮机中的高压压气机（HPC）转子、轴承、压气机定子、高压涡轮机（HPT）转子和动力涡轮机（PT）转子提供了支撑。

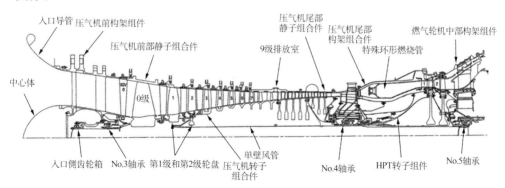

图 8 - 2　目标燃气发生器结构

高速动力涡轮(HSPT)通过连接工具连接到燃气发生器上,以便构成燃气轮机组件。高速动力涡轮的结构如图8-3所示,由一个涡轮转子、一个涡轮定子、一个涡轮排放架、一个扩散器和一个支承外轴承的圆筒式轴承支架组成。它被气动地连接到燃气发生器上面,并且由燃气发生器的废气驱动。前部的连接轴适配器连接到动力涡轮机转子上,并且为负载提供轴动力。

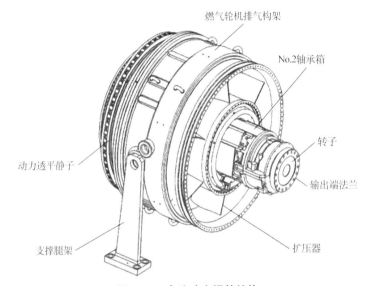

图8-3 高速动力涡轮结构

为了保证燃驱压缩机组的正常工作,要有一套自动控制系统和辅助设备。这就组成了燃气轮机的辅助系统。基于以前章节对燃气轮机辅助系统的划分,在此将其划分为空气系统、滑油系统、燃料气系统、起动系统四个辅助子系统。

空气系统包括进气系统、排气系统、火警探测、报警和灭火子系统。进气系统包括进气过滤、进气滤芯的脉冲反吹以及防冰等功能。进气过滤用来对燃气轮机的空气进行处理,滤除杂质,以改善燃气轮机压气机进口的空气质量,确保燃气轮机的性能,主要由垂直安装的圆形滤芯过滤器组成。脉冲反吹用于清洁滤芯,来自仪表风的压缩空气通过安装在滤芯后面的吹管从相反方向吹入滤芯。防冰用于防止入口空气结冰从燃气发生器第16级抽气孔来的防冰热空气通过管道进入燃烧空气进口管道中,包括防冰流量控制阀、温度控制阀和排污阀。排气系统由动力涡轮排气涡壳、排气管道和消声器等组成。箱体通风空气由滤筒吸入经空气通道进入燃气发生器舱前上方,而在机舱的后部排出,可由可调出口挡板来调整箱体的背压,包括通风机和备用通风机。火警探测、报警和灭火子系统用来消防和防止火灾,火警探测、报警系统由三个火焰探测器、一个火焰探测信号处理器和六个温度开关组成,灭火系统由六个二氧化碳喷嘴,灭火释放封闭开关和二氧化碳释放开关组成,探头监测到火情时释放二氧化碳钢瓶中的二氧化碳,扑灭火焰。

燃料气系统由燃料气辅助系统及进入燃烧室前的控制调节系统两部分组成:第一部分对燃料气进行净化,调温;第二部分为燃料气流量调节装置及燃料总管和燃料喷嘴。主要是由流量测量装置、过滤分离器、电加热器、燃料气自动隔离阀、燃料气放空阀、压力调节阀、排污阀以及其他各类电磁阀等设备组成。

滑油系统包括润滑油部分和矿物油部分。其中润滑油部分用于润滑和冷却燃气发生器转子轴承、附属齿轮箱,一部分润滑油用于压气机入口可调静叶的执行机构。矿物油部分则是用于润滑动力涡轮和压气机。

目标燃驱压缩机组采用了液压起动的方式,液压起动系统由一个可变排量型液压马达组成,并采用独立的供油系统;是由液压泵、电动马达、油箱、油滤、冷却风机、电加热器、各类电磁阀等设备组成。

8.2　RCM 分析与维护方式决策

以目标燃驱压缩机组为研究对象,按照 RCM 的标准流程进行分析。基于该机组 2009—2011 年的故障停机记录、备品备件消耗记录,借助第 5.3、6.3、7.3 节对燃气轮机气路、结构、辅助系统的 FMECA 分析结论,从故障危害性、故障后果、故障模型三个方面为各潜在故障选取合适的维护方式,最后归纳整理三方面的维护建议,决定最终的维护策略。在此,列举了几种典型的 RCM 分析和维护方式决策结果,包括空气系统进气滤芯、反吹隔膜阀、二氧化碳钢瓶、压气机的叶片四个可维护部件对这四种部件分别进行故障危害性分析,故障后果分析,故障模型分析,最终基于以上三个分析结构给出对应的维护建议,其分析结果如表 8 - 1 所示,目标燃驱压缩机组完整的 RCM 分析与维护方式决策可参见附录 A。

表 8 - 1 体现出了进行 RCM 分析结果中几种典型的维修方式,包括事后维护,定期维护以及视情维护。如空气系统进气滤芯的破损,由于该故障模式造成的危害性较大且该故障可直接通过传感器检测的滤芯两侧压差数据体现出来,因此在维护方式上建议进行进气滤芯差压趋势分析,判断有无破损。如果判定滤芯破损,抽样检查决定是否更换。空气系统反吹隔膜阀隔膜破坏,由于该故障模式造成的故障后果为非使用性后果,只在进行滤芯反吹时影响反吹效果,对机组运行没有明显影响,故障危害性的影响也是最轻一级的,因此在维护方式上建议采用事后维护。空气系统二氧化碳钢瓶泄漏,由于该故障模式造成的故障后果为隐蔽性后果,二氧化碳灭火装置极少使用,故很难被发现,而在故障危害性的影响上由于该故障会带来火灾隐患,具有较大的安全隐患,因此在维护方式上建议定时维护。压气机

表 8-1　RCM 分析与维护方式决策表

系统名称	功能	部件名称	故障模式	故障危害性	故障后果	故障模型	最终维护建议
空气系统	过滤	进气滤芯	滤芯破损	5A,致压气机甚至涡轮的通流部分磨蚀、积垢和腐蚀等现象,但是很少关系设备的寿命,建议加强状态监测	安全性后果而直接进入燃气发生器的情况,产生一定的安全隐患。滤芯两侧的压差会有明显的波动,可以从传感器检测的数据上获取,根据逻辑决断图建议进行状态检测	C,故障概率缓慢上升,难以确定具体的维护时间,建议进行状态监测	进气滤芯压差趋势分析,判断有无破损如果判定滤芯破损抽样检查决定是否更换
	脉冲反吹	反吹隔膜阀	隔膜破环	1A,一直有仪用空气通过隔膜阀,部分滤芯上一直有反向脉冲气的作用,对正常进气造成一定的影响,综合严酷类别发生的概率是危害性最低的一级,建议采用事后维护	非使用性后果,只在进行反吹时影响反吹效果,对机组运行没有影响,建议采用事后维护	B,存在故障概率急剧上升的时间,建议估算出故障概率密度分布曲线,确定相应时刻定时维护	事后维护
	消防灭火	二氧化碳钢瓶	泄漏	3A,会带来一定的安全隐患,但发生的频率很低,建议采用定时维护	隐蔽性后果,二氧化碳灭火装置极少使用,故很难被发现,属于隐藏性故障后果,建议采用定时维护	B,存在故障概率急剧上升的时间,建议估算出故障概率密度分布曲线,确定相应时刻定时维护	8 000 h 检查碳钢瓶重量有否明显降低
压气机	气动	叶片	叶片结垢	1B,影响仅限于经济性方面,但发生频率较高,建议进行状态监测	经济性性后果,增加机组的燃料消耗,易监测,建议状态监测	B,存在故障概率急剧上升的时间,估算出故障概率密度分布曲线,应时刻定时维护	进行状态监测与气路诊断,视情维护

叶片结垢,由于该故障模式会增加机组消耗的燃料量,造成机组的经济性后果,但可通过监测的数据通过气路诊断判断出,因此在维护方式上建议进行状态监测与气路诊断的视情维护。

8.3　定时维护周期决策

针对 8.2 节应用的目标燃驱压缩机 RCM 分析和维护方式决策的结果(详见附录 A)可以看出,在最终维护建议中包含有较多的定期维护方式,特别是辅助系统的维修建议中有大量定期维护和更换的维护建议。然而在给出定期维护建议时,需给出具体的定期维护的周期,为此,这里给出了定期维护周期的决策方法。它是以目标燃驱压缩机组在 2009—2011 年的历史故障记录以及备品备件的使用情况等故障数据为依据,对其进行故障模型的分析,得到维护部件的维护周期时间,以空气系统、燃料气系统和滑油系统为例,分析出各系统定时维护周期过程如下。

8.3.1　空气系统定时维护周期决策

在此以进气系统的进气滤芯堵塞故障模式为例,介绍进气滤芯堵塞的故障模型分析以及定时维护周期决策过程。

图 8 - 4 是燃气轮机进气滤芯更换的时间分布图。可以看出其更换时间密集分布在 8 000 h 附近的位置,在 7 000 h 之前零散地出现 3 次。因此,可以判断这种故障模式属于故障模型 B, 7 000 h 之前的 3 次故障是诸如大气环境等随机因素造成的。

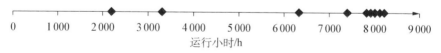

图 8 - 4　燃气轮机进气滤芯更换时间分布

确定故障模型后,采用 Weibull 分布数学模型分析,可以计算该故障模型的可靠性指标。

进气滤芯虽然出现多次差压高报警停机,但是滤芯累计故障时间并没有明显规律,有的刚更换不久,有的已经使用到接近更换时间。而且进气滤芯的高差压报警往往出现在湿度明显增加的恶劣天气。也就是说,维修进气滤芯的稳定工作并不能从定时维修中受益,其故障往往由随机因素导致。

按照模型计算的进气滤芯主要参数及其分布规律如图 8 - 5、图 8 - 6 所示。

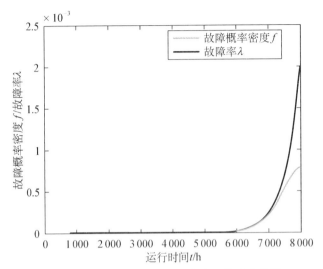

图 8-5　空气系统故障概率密度及故障率曲线

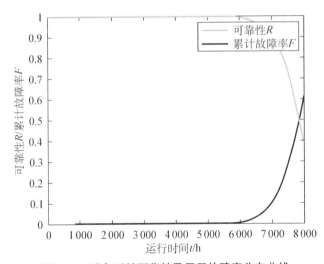

图 8-6　进气系统可靠性及累积故障率分布曲线

从图中可以看出,滤芯前 6 000 h 可以平稳运行,工作非常可靠,6 500 h 左右开始可靠性明显下降,7 000 h 左右故障率明显上升。以上所说为概率统计结果,不能反映诸如天气变化等随机时间造成的影响。

表 8-2 为进气系统滤芯寿命分析结论。

表 8 - 2　进气系统滤芯寿命分析结论

名称	数值
运行时间/h	1 000
m	17.03
η	8 027.5
可靠性	1
累计故障率	4.44×10^{-16}
平均寿命/h	7 781.4
最低可靠性	0.8
最大故障率	2×10^{-4}
基于平均寿命的剩余时寿命/h	6 781
基于最低可靠性的剩余寿命/h	6 351
基于最大故障率的剩余寿命/h	5 928

通过寿命分析可以得到如下结论：

（1）滤芯的平均寿命为 7 781.4 h，在前 6 000 h 工作非常可靠，在之前对滤芯进行保养意义不大。

（2）滤芯运行过程中也有刚运行不久就出现故障的情况，此类情况多基于天气等随机因素造成，不能通过频繁的维修排除这些因素的影响。

（3）即使滤芯出现故障，也是低风险，低概率的。

（4）目前对于滤芯的工作状态的监测有三种：差压传感器的差压监测、日常巡检以及定期检查滤芯进行检查。这样的一套体系方便随时掌握滤芯的运行状态，利于推行视情维修。

8.3.2　燃料气系统定时维护周期决策

在此以燃料气调节系统过滤器的滤芯堵塞故障模式为例，介绍燃料气调节系统过滤器滤芯堵塞的故障模型分析以及定时维护周期决策过程。

燃料气调节系统过滤器的滤芯更换的时间分布如图 8 - 7 所示。

图 8 - 7　燃料气调节系统过滤器的滤芯更换的时间分布

从图中可以看出其更换时间密集分布在 4 000 h 附近的位置，在 3 000 h 之前零散地出现 3 次,还有少数的几次出现 8 000 h 左右。因此,可以判断这种故障模式属于故障模型 B, 3 000 h 之前的 3 次故障是由随机因素造成的。

确定故障模型后,采用 Weibull 分布数学模型分析,可以计算该故障模型的可靠性指标。这个寿命计算模型的好处是需要的数据不多(仅需要一些部件的故障时间的历史数据),但是可以完成一整套的可靠性和剩余寿命的分析,而且其数据库可以随着运行时间的增长不断地得到丰富,增加模型的准确性与可靠性。

参考 2009—2011 年备件使用情况,得到燃料气调节系统过滤器的滤芯在这三年的使用记录。按照模型计算的燃料气过滤器滤芯主要参数及其分布规律如图 8 - 8、图 8 - 9 所示。

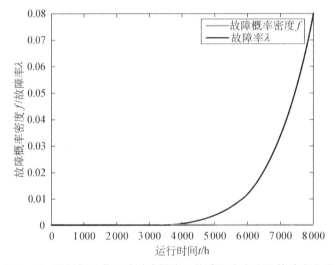

图 8 - 8　燃料气调节系统过滤器滤芯故障概率密度及故障率曲线

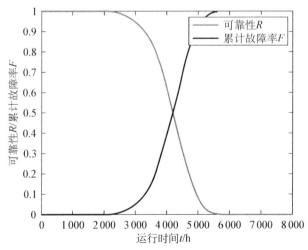

图 8 - 9　燃料气调节系统过滤器滤芯可靠性及累积故障率分布曲线

从图中可以得到如下结论,燃料气过滤器的滤芯前 2 500 h 可以平稳运行,工作非常可靠,3 000 h 左右时间开始可靠性明显下降,3 600 h 左右故障率明显上升。

以上所说为概率统计结果,不能反映诸如天气变化等随机因素造成的影响。

表 8 - 3　进气系统寿命分析结论

名称	数值
运行时间/h	1 000
m	7.52
η	4 438
可靠性	1
累计故障率	1.02×10^{-7}
平均寿命/h	4 166.7
最低可靠性	0.8
最大故障率	2×10^{-4}
基于平均寿命的剩余时寿命/h	3 167
基于最低可靠性的剩余寿命/h	2 636
基于最大故障率的剩余寿命/h	2 198

通过寿命分析可以得到如下结论:

(1)燃料气过滤器滤芯的平均寿命为 4 166.7 h,在前 2 500 h 工作非常可靠,在 4 000 h 的时候对滤芯进行保养具有很大的意义。

(2)燃料气过滤器滤芯运行过程中也有刚运行时就出现故障的情况,此类情况多为随机因素造成,不能通过频繁的维修排除这些因素的影响。

(3)即使燃料气过滤器滤芯出现故障,也是低风险、低概率的。

(4)现行对于燃料气过滤器滤芯的工作状态的监测包括三种:三个差压传感器的差压监测;定期维修以及日常巡检;对滤芯进行检查。这样的一套体系方便随时掌握滤芯的运行状态,推行视情维修。

8.3.3　滑油系统故障模型分析

1)矿物油可靠性与故障积累曲线

按照模型计算的矿物油滤芯主要参数及其分布规律如图 8 - 10、图 8 - 11 所示。

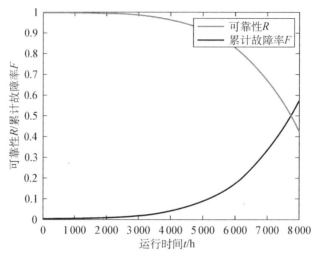

图 8 - 10　矿物油系统可靠性及累积故障率分布曲线

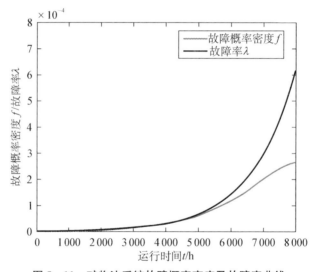

图 8 - 11　矿物油系统故障概率密度及故障率曲线

　　从图中可以得到如下结论,滤芯前 4 000 h 可以平稳运行,工作非常可靠, 5 500 h 左右时间开始可靠性明显下降,6 500 h 左右故障率明显上升。以上结论为概率统计结果。

　　矿物油系统的寿命分析如表 8-4 所示。

表 8 - 4　矿物油系统寿命分析结论

名称	数值
运行时间/h	1 000
m	50.6
η	9 230.7
可靠性	1
累计故障率	9.05×10^{-4}
平均寿命/h	7 999
最低可靠性	0.8
最大故障率	2×10^{-4}
基于平均寿命的剩余寿命/h	7 899
基于最低可靠性的剩余寿命/h	8 861
基于最大故障率的剩余寿命/h	8 945

2) 合成油可靠性与故障积累曲线

按照模型计算的合成油滤芯主要参数及其分布规律如图 8 - 12、图 8 - 13 所示。

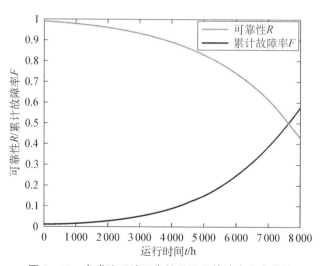

图 8 - 12　合成油系统可靠性及累积故障率分布曲线

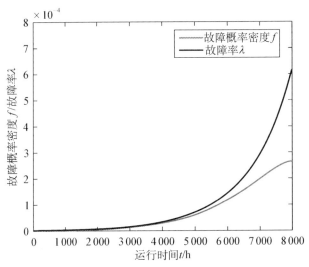

图 8-13 合成油系统故障概率密度及故障率曲线

从图中可以得到如下结论,与矿物油滤芯类似,滤芯前 4 000 h 可以平稳运行,工作非常可靠,5 500 h 左右时间开始可靠性明显下降,6 500 h 左右故障率明显上升。

合成油系统寿命分析如表 8-5 所示。

表 8-5 合成油系统寿命分析

名称	数值
运行时间/h	1 000
m	88.9
η	12 093
可靠性	1
累计故障率	1.19×10^{-5}
平均寿命/h	7 900
最低可靠性	0.8
最大故障率	2×10^{-4}
基于平均寿命的剩余寿命/h	7 900
基于最低可靠性的剩余寿命/h	11 791
基于最大故障率的剩余寿命/h	11 815

3) 矿物油滤芯与合成油滤芯的比较

通过滤芯剩余寿命数学模型的运算,可以发现合成油滤芯的可靠性随时间的变化趋势:滤芯前 4 000 h 可以平稳运行,性能可靠;5 500 h 左右时间开始可靠性出现明显下降;6 500 h 左右故障率出现明显上升。威布尔分布中的形状参数 m 决定数据的离散程度,m 越小离散程度越大,矿物油滤芯 $m = 50.6$,合成油滤芯 $m = 88.9$,由此可知矿物油滤芯故障的随机性更大一些。

8.3.4　干气密封系统

图 8 - 14 是压缩机干气密封前置过滤器密封圈更换的时间分布图。可以看出其更换时间密集分布在 4 000~8 000 h 附近的位置,在各阶段零散地出现 8 次。由于有两个阶段的密集分布,可以假定这种故障模式属于故障模型 C,其他故障主要由各种随机因素引起。

图 8 - 14　干气密封前置过滤器密封圈更换时间分布

确定故障模型后,采用 Weibull 分布数学模型分析,可以计算该故障模型的可靠性指标。

这个寿命计算模型可以根据少量数据完成一整套的可靠性和剩余寿命的分析,而且其数据库可以随着运行时间的增长不断地得到丰富,增加模型的准确性与可靠性。

针对干气密封前置过滤器的计算,数据是干气密封前置过滤器密封圈的故障库数据,共 8 个。此外,参考 2009—2011 年备件使用情况,密封圈在这三年中有 22 次在 4k 保养中、20 次在 8k 保养中使用的记录,设定这 22 次的数据为 4 000 h,20 次的数据为 8 000 h。所以整个模型的输入为 50 个数据。

按照 Weibull 模型计算的干气密封前置过滤器密封圈主要参数及其分布规律如图 8 - 15、图 8 - 16 所示。

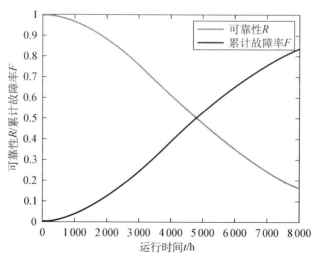

图 8 - 15　干气密封前置过滤器密封圈可靠性及累积故障率分布曲线

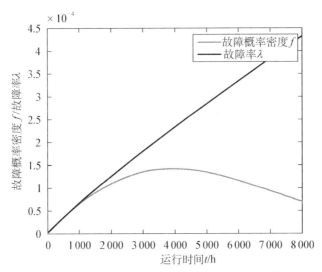

图 8 - 16　干气密封前置过滤器密封圈故障概率密度及故障率曲线

从图中可以得到如下结论,密封圈的故障率随时间的推移平稳增加,且几乎成线性关系,符合 C 类故障模型。

干气密封前置过滤器密封圈寿命分析如表 8 - 6 所示。

表 8 - 6　干气密封前置过滤器密封圈寿命分析

名称	数值
运行时间/h	1 000
m	1.900 5
η	5 851
可靠性	0.965 8
累计故障率	0.034 2
平均寿命/h	5 192
最低可靠性	0.8
最大故障率	2×10^{-4}
基于平均寿命的剩余寿命/h	4 192
基于最低可靠性的剩余寿命/h	1 658
基于最大故障率的剩余寿命/h	2 415

通过寿命分析可以得到如下结论:

（1）密封圈的平均寿命为 5 192 h，从一开始的故障率就较高，需要定期更换，在 4 000 h 的时候需要对密封圈进行检查，确定是否更换。

（2）滤芯出现的故障风险比较高，而由于集中在保养时更换，因此说明平时的故障概率是较小的，但是集中保养时可能的故障通常已经积累到了一定程度。

（3）从表中可以看出，基于最大故障率和最低可靠性的剩余寿命在 4 000 h 以内，实际上能用到 8 000 h 的较少，由于前置过滤器工作条件比过滤器差，4 000 h 以前的检查也是必要的。

8.4　状态监测、故障诊断与视情维护

该燃驱压缩机组测点布置如表 8 - 7 所示。

表 8 - 7　燃驱压缩机组测点列表

部件	测　点
压气机	进口压力，进口温度，排气温度，排气压力，转速、压气机驱动端振动 X、压气机驱动端振动 Y、压气机轴向位移 A、压气机轴向位移 B、压气机轴向位移-平均值、压气机非驱动端振动 X、压气机非驱动端振动 Y
燃烧室	燃料流量
高压涡轮	排气压力，排气温度
动力涡轮	排气温度，排气压力，转速
压缩机	进口温度，进口压力，出口温度，出口压力，天然气流量，转速
转子系统	燃气发生器高压压气机转速 A、燃气发生器高压压气机转速 B、燃气发生器高压压气机转速-平均值、燃气发生器低压压气机转速 A、燃气发生器低压压气机转速 B

应用测点数据可以开展燃驱压缩机组的气路故障诊断。考虑到线性气路故障诊断在偏离设计点较远时难以保证诊断误差，而该燃驱压缩机组常工作在低负荷下，故不采用线性气路故障诊断算法；且该机组尚未积累足够的故障数据以开展基于数据的气路故障诊断，故采用 5.3.2 节介绍的基于模型的气路故障诊断算法。

该算法的实现需要经历机组建模、求目标函数和优化算法迭代求解三个步骤。

（1）基于 4.3 节的建模方法，建立双轴燃气轮机驱动压缩机组的模型（见图 8 - 17）。该模型可以被描述为

$$G_f,\ P_2,\ T_2,\ P_4,\ T_4,\ T_5 = Model(T_1,\ P_1,\ P_5,\ T_6,\ P_6,\ P_7,\ G_N,$$
$$DGC,\ DEC,\ DGT,\ DET,\ DGP,\ DEP)$$

式中，DGC 为压气机流量降级；DEC 为压气机效率降级；DGT 为高压涡轮流量降级；DET 为高压涡轮效率降级；DGP 为动力涡轮流量降级；DEP 为动力涡轮流量降级。

即用机组的状态参数与健康状况模拟传感器参数。

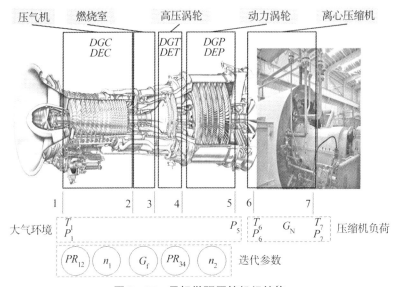

图 8-17 目标燃驱压缩机组结构

(2) 建立目标函数。通过建立目标函数，可以把气路故障诊断问题转化为一个最优化问题，即求解机组在何种健康状况下，目标函数最小。因此，目标函数需要能够描述模型仿真结果的误差。在(1)中建立的燃驱压缩机组仿真模型误差由两部分构成，第一部分是仿真出的测量参数与实际测量值的偏差；另一部分是系统的流量守恒与功率守恒状况。因此，定义目标函数如下：

$$ObjectFun = \left(\frac{G_f - \hat{G}_f}{\hat{G}_f}\right)^2 + \left(\frac{T_2 - \hat{T}_2}{\hat{T}_2}\right)^2 + \left(\frac{P_4 - \hat{P}_4}{\hat{P}_4}\right)^2 + \left(\frac{T_4 - \hat{T}_4}{\hat{T}_4}\right)^2 +$$
$$\left(\frac{T_5 - \hat{T}_5}{\hat{T}_5}\right)^2 + \left(\frac{G_2 + G_f - G_3}{G_2 + G_f}\right)^2 + \left(\frac{G_3 - G_4}{G_3}\right)^2 + \left(\frac{W_C - W_{HT}}{W_C}\right)^2 +$$
$$\left(\frac{W_{CC} - W_{PT}}{W_{CC}}\right)^2$$

式中，W_C 为压气机耗功；W_{HT} 为高压涡轮出功；W_{PT} 为动力涡轮出功；W_{CC} 为离心式压缩机耗功。

（3）采用 SPO 算法找寻到最能描述机组当前工作状态的气路故障参数。表 8-8 为 PSO 算法的参数设置。

表 8-8　PSO 算法参数设置

粒子数	5
最大迭代次数	200
最小全局误差	10^{-10}

针对 7 台机组的监测数据，实时进行气路分析，以压气机结垢为例，其计算结果如图 8-18 所示。依据诊断结果，按照维护大纲的要求，安排视情维护。

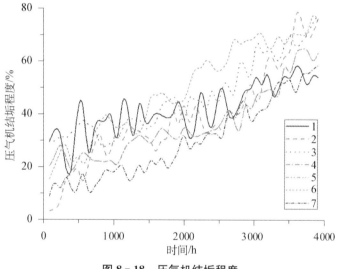

图 8-18　压气机结垢程度

燃气轮机结构强度的视情维护决策以某电厂目标燃驱压缩机组的实际故障为例，说明状态监测、故障诊断与视情维护的方法与过程。

某燃驱压缩机组采用该型号燃气轮机，该燃气轮机的压气机在运行当中存在着显著的振动现象。在某次喘振实验当中，在非喘振实验时段，该机组工作在 4 000 r/min 左右，此时压气机相应振动测点处有幅值超过 9 μm 的振动发生，接近与机组的振动报警值，并且其峰值出现频率与机组工作频率不同，此时可以初步认为机组发生了振动故障。

为了判断故障类型和故障原因，对该机组的振动信号进行监测和分析，可得机组的运行瀑布图和幅频特性曲线，如图 8-19、图 8-20 所示。

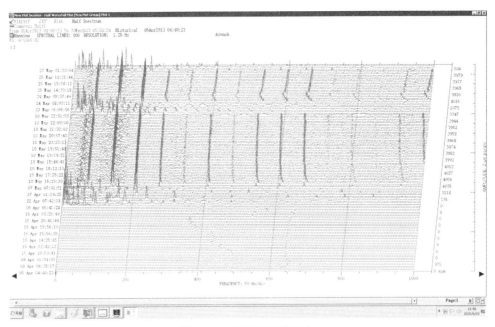

图 8-19　机组的运行瀑布

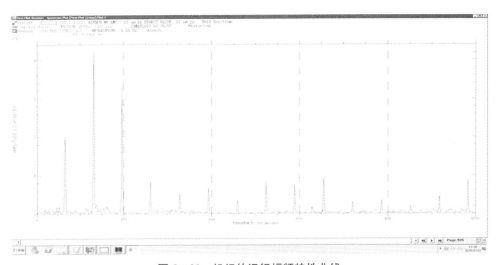

图 8-20　机组的运行幅频特性曲线

由瀑布图 8-19 可知,整个喘振实验过程中,机组在 3 347~4 056 r/min 之间运行时一直在三个频率下有振幅显著较大的振动发生;在其他较低转速下则呈现不规律的低频振动,其规律符合喘振的故障特征。可以看出实验中机组两种不同工作状态下的故障相互独立,即认为机组当前故障非喘振引起的。由机组的运行幅频特性曲线可以看出,该机组频谱中 2× 与 3× 的幅值均显著地比工频下的幅值更大,并且具有多个谐波的高谐次振动。结合 6.4.3 节故障信号的判据,我们可以发现这种故障模式符合不对中故障,并且介于平行不对中与角不对中的故障模式之间,可以认为该机组发生了平行不对中与角不对中的综合故障。

造成该故障最有可能的原因为燃气轮机本体与负载的联轴节偏转。根据第 6 章 FMEA 表格,该故障容易引起轴瓦自激振动润滑油油温上升,除了影响转子自身以外还将对轴承产生损害。该故障的故障模型为 B 型,存在故障概率急剧上升的时间,建议结合状态监测估算出故障概率密度分布曲线,确定预防性维护时刻。对于该故障,建议进行预防性维修,根据历史振动数据进行维修排程,确定为联轴处安排重新对中的时间,使机组振动降低到可接受的范围内。

8.5　目标燃驱压缩机组维护大纲

基于对目标燃驱压缩机组进行的 RCM 分析、维护方式的决策分析,对定时维护策略确定维修周期决策,对视情维护确定状态监测、故障诊断方法,形成了一套基于 RCM 维修理论的燃气轮机压缩机组维修大纲,这里与表 8 - 1 分析的结果相对应,列举出对应的维修大纲,如表 8 - 9 所示。完整的维护大纲列于附录 B 中。

表 8 - 9　目标燃驱压缩机组基于 RCM 的维修大纲(部分)

编号	检查项目	具体内容	日常/视情	定时/事后
1	进气滤芯差压趋势分析	进行进气滤芯差压趋势分析,判断有无堵塞或破损,如果判定滤芯失效,即任意抽查 8 个滤芯进行检查,决定是否更换;如没有失效,估计滤芯剩余寿命,决定下次分析时间	√	
2	脉冲清吹检查	脉冲清吹空气有无泄漏,母管排污阀是否完好		事后
3	二氧化碳钢瓶检查	检查二氧化碳钢瓶重量有否明显降低		8 000 h
4	气路保养	对由运营商自行维护的故障(压气机结垢、涡轮结垢、进气道堵塞、排气蜗壳堵塞)应持续关注其故障程度,结合实际生产需求,适时安排停机维护。建议当故障程度大于 75% 时,停机维护	√	

经过 RCM 分析以及维修策略的决策之后,得到如表 8 - 9 所示的基于 RCM

的维修大纲,与目标燃驱压缩机组现行的维修规程相比进行了一定的优化。对于进气滤芯的检查,经过 RCM 分析后,对于进气滤芯的维护采用了差压趋势分析,判断有无堵塞或破损,同时通过滤芯剩余寿命,决定下次分析时间,将原来在 4 000 h 对进气滤芯进行检查,表面无杂物、无破损;当差压高于正常值时更换的定时维护更改为视情维护。对于反吹隔膜阀的检查将原来 4 000 h 反清吹系统的定时检查改成了事后维修,这是由于反吹隔膜阀隔膜破坏,由于该故障模式造成的故障后果为非使用性后果,只在进行滤芯反吹时影响反吹效果,对机组运行没有明显影响,故障危害性的影响也是最轻的一级,可以采用事后维护的方式。对于二氧化碳钢瓶的检查则由原来的 4 000 h 定时维护推迟到 8 000 h 定时维护,这是由于二氧化碳钢瓶泄漏故障经分析后发现的概率很小,其使用寿命超过 4 000 h 的概率很大,在 4 000 h 发生泄漏故障的概率属于小概率事件,因此将定期维护的周期推迟为 8 000 h。对于燃气轮机的气路保养,则由原来的 4 000 h 的定期水洗,改成了基于故障诊断的视情维护。基于以上的分析可看出,采用基于 RCM 的维修大纲,利用已有的监测数据实现了视情维修,适当地推迟了维护时间,维护工作也大大简化。

8.6 小结

本章以目标燃驱压缩机组为对象,依据之前章节介绍的 RCM 理论,对其进行了完整的 RCM 应用实例分析,包括目标燃驱压缩机组的系统部件划分、RCM 分析与维护方式的决策、定时维护周期的决策、状态监测、故障诊断以及视情维护决策,最后制订了目标燃驱压缩机组基于 RCM 的维护大纲。

参 考 文 献

[1] GE. LM2500＋HSPT 技术说明、运行及维修手册[R]. 通用电气石油部,2003.
[2] 李毅,卜喜全,阎振国,等. PGT25＋SAC/PCL800 燃气轮机/离心压缩机组维护检修规程[R]. 中国石油天然气股份有限公司西气东输管道分公司,2008.

附录 A　目标燃驱压缩机组 RCM 分析表

系统名称	功能	部件名称	故障模式	故障危害性	故障后果	故障模型	最终维护建议
空气系统	防冰	防冰阀	泄漏	2A,致压气机进口空气温度增加,降低压气机效率,降低机组的效率,但很少发生,日常检查较为方便,建议日常检查	使用性后果,处于关闭状态仍有密封气体流过,增加压气机进口空气温度,系统功率降低,日常检查较为方便,建议日常检查	B,存在故障概率急剧上升的时间,但日常检查较为方便,建议日常检查	日常检查阀门是否正常,是否出现泄漏现象
		防冰电磁阀	无法打开电磁阀	2A,会造成无法启动防冰系统,可能造成压气机入口结冰,降低系统经济性与安全性,日常检查较为方便,建议日常检查	隐蔽性后果,防冰系统一般很少使用,故很难被故发现,属于隐蔽性故障后果,日常检查较为方便,建议日常检查	C,故障概率缓慢上升,难以确定具体的维护时,但日常检查建议为方便,建议日常检查	日常检查阀门是否正常,是否出现泄漏现象
			电磁活门无法复位	2A,影响仅限于经济性层面,造成的影响很小,日常检查较为方便,建议日常检查	使用性后果,日常检查较为方便,建议日常检查	D,故障模式发生的概率与时间无关,属于早期失效,但日常检查较为方便,建议日常检查	日常检查阀门是否正常

（续表）

系统名称	功能	部件名称	故障模式	故障危害性	故障后果	故障模型	最终维护建议
	过滤	进气滤芯	滤芯破损	5A,致气机甚至透平的通流部分磨蚀、积垢和腐蚀等现象,降低关键设备的寿命,但是很少发生,建议加强状态监测	安全性后果,杂质未经进滤过而直接进入燃气发生器的情况,产生一定的安全隐患,滤芯两侧的压差会有明显的波动,可以从传感器检测的数据上获取,根据判断逻辑建议进行状态检测	C,故障概率缓慢上升,难以确定具体的维护时间,建议进行状态监测	进行进气滤芯差压趋势分析,判断有无破损如果无破损如果判定滤芯破损抽样检查决定是否更换
			套管机械泄漏	2B,会造成和滤芯破损类似的影响,但是影响比滤芯破损小的多,综合严酷类别和发生概率是危害性最低的一级,建议采用事后维护	安全性后果,故障概率类似于滤芯破损,但是泄漏量小难以从传感器数据监测,建议对水洗的污水进行观察,判断机械套管是否发生泄漏	B,存在故障概率,急剧上升的时间,建议估算出故障概率密度分布曲线,确定相应时刻进行维护	不采取维护措施,注意对燃气发生器水洗时的检查,发现有较大颗粒时对滤芯进行检查
			滤芯堵塞	2B,影响仅限于经济性层面,比滤芯破损轻的多,但发生频率较高,建议计算其发生时刻进行趋势分析	使用性后果,易监测,通过逻辑判断图决定状态监测,议采用日常监测	B,存在故障概率,急剧上升的时间,建议估算出故障概率密度分布曲线,确定相应时刻进行维护	进气滤芯差压趋势分析,判断有无堵塞如果判定滤芯堵塞抽样检查决定是否更换
	脉冲反吹	脉冲反吹电磁阀	无法打开电磁阀	2A,无法启动反吹系统,系统效率降低,日常检查较为方便,建议日常检查	使用性后果,只对经济性有一定的影响,只对经济性有一定的影响,日常检查为方便,建议日常检查	C,故障概率缓慢上升,难以确定维护时间,但日常检查较为方便,建议日常检查	日常检查阀门是否正常,是否出现泄漏现象

206

（续表）

系统名称	功能	部件名称	故障模式	故障危害性	故障后果	故障模型	最终维护建议
			电磁阀打开之后，不能关闭	2A，反吹系统启动后，一直有反吹气体流经滤芯，影响正常进气，日常检查较为方便，建议日常检查	非使用性后果，只影响进气效果，对系统基本没有影响，属于最低一级，建议日常检查	D，故障模式发生的概率与时间无关，属于早期失效，但日常检查率较为方便，建议日常检查	日常检查阀门是否正常
		反吹隔膜阀	隔膜破坏	1A，一直有仪用空气通过隔膜阀，部分滤芯上一直有反向脉冲气的作用，对正常进气造成一定的影响，综合严酷类别和发生概率是危害性最低的一级，建议采用事后维护	非使用性后果，只在进行滤芯反吹时影响反吹效果，对机组运行没有影响，建议事后维护	B，存在故障概率急剧上升的时间，建议估算出故障概率上升时的故障密度分布曲线，确定相应时刻定时维护	事后维护
	排气	排气蜗壳	泄漏	2A，高温透平排气进入生产区，引起生产区的安全隐患，但是很少发生，建议加强状态监测	安全性后果，易监测，通过逻辑决策图的判断建议采用状态监测	C，故障概率缓慢上升，难以确定具体的维护时间，建议进行状态监测	进行排气道压损趋势分析，判断排气蜗壳有否出现泄漏
			堵塞	2A，故障基本上很少发生，对机组的影响也最轻一级，建议进行状态监测	经济性后果，影响机组的运行效率，易监测，通过逻辑决策图的判断建议采用状态监测	B，存在故障概率急剧上升的时间，建议估算出故障概率上升时的故障密度分布曲线，确定相应时刻定时维护	进行排气道压损趋势分析，判断排气蜗壳有否出现堵塞。

（续表）

系统名称	功能	部件名称	故障模式	故障危害性	故障后果	故障模型	最终维护建议
	箱体通风	通风机	叶片损坏	2A，会造成风机振动，影响风机风量但基本上很少发生，对机组的影响也是最轻一级，建议定时维护	使用性后果，影响通风机的风量，造成箱体温度上升，通过逻辑判断决断图的判断建议采用定时维护	B，存在故障概率急剧上升的时间，建议估算出故障概率密度分布曲线，确定相应时刻定时维护	8 000 h 检查通风机叶片有否出现损坏
			电路故障	2A，会造成无法按照需求调节通风机风量，对机组这种情况也很少发生，对机组的影响也是最轻一级，建议定时维护	使用性后果，影响通风机的风量，造成箱体温度上升，通过逻辑决断图的判断建议采用定时维护	C，故障概率缓慢上升，难以确定具体的维护时间，建议事后维护	8 000 h 检查通风机的备用电机能否正常切换、能否正常工作
	火警探测、报警和灭火	二氧化碳钢瓶	泄漏	3A，可能无法扑灭箱内火焰，造成巨大的财产损失，带来安全隐患，建议采用定时维护	隐蔽性后果，二氧化碳灭火装置极少使用、故障隐蔽被发现，属于隐蔽性故障后果，建议采用定时维护	B，存在故障概率急剧上升的时间，建议估算出故障概率密度分布曲线，确定相应时刻定时维护	8 000 h 检查检查二氧化碳钢瓶重量有否明显降低
燃料气系统	燃料气调节	燃气调节停止阀	泄漏	2A，燃料气直接泄漏，但很少发生，建议采用定时维护	安全性后果，燃气直接接进漏到环境中，具有一定的安全隐患，通过逻辑判断决断图的判断建议采用定时维护	B，存在故障概率急剧上升的时间，建议估算出故障概率密度分布曲线，确定相应时刻定时维护	4 000 h 打开安全阀的放空侧、检测应无天然气泄漏

（续表）

系统名称	功能	部件名称	故障模式	故障危害性	故障后果	故障模型	最终维护建议
		燃气自动隔离阀	电路故障	3A,无法打开或关闭阀门,致使停机,造成较大的经济损失,建议日常检查容易实现,日常检查	使用性后果,造成停机,阀门不能正常打开造成输出功率的损失,建议日常检查容易实现,日常检查	C,故障概率缓慢上升,难以确定具体的维护时间,日常检查容易实现,建议日常检查	日常检查阀门电路是否正常
		暖机阀	泄漏	2A,燃料气直接泄漏,建议采用定时维护	安全性后果,燃气直接泄漏到环境中,具有一定安全隐患,通过逻辑判断图的判断建议采用定时维护	B,存在故障概率急剧上升的时间,建议估算出故障概率密度分布曲线,确定相应时刻定时维护	4 000 h 检查阀门无燃料气泄漏,停机状态检查阀门后是否有结霜,变凉现象以确定是否存在内漏
		燃料气放空阀	电路故障	3A,不能按要求打开,影响启机,造成较大的生成损失,日常检查容易实现,建议日常检查	使用性后果,影响启机,造成较大的生成损失,日常检查容易实现,建议日常检查	C,故障概率缓慢上升,难以确定具体的维护时间,日常检查容易实现,建议日常检查	日常检查阀门电路是否正常
			泄漏	2A,燃料气直接泄漏,建议采用定时维护	安全性后果,燃气直接泄漏到环境中,具有一定安全隐患,通过逻辑判断图的判断建议采用定时维护	B,存在故障概率急剧上升的时间,建议估算出故障概率密度分布曲线,确定相应时刻定时维护	4 000 h 检查阀门无燃料气泄漏,停机状态检查阀门后是否有结霜,变凉现象以确定是否存在内漏

（续表）

系统名称	功能	部件名称	故障模式	故障危害性	故障后果	故障模型	最终维护建议
		电加热器	电路故障	2A,加热器无电流通过,不能加热燃气,但很少发生,日常日常检查建议日常检查	使用性后果,无法加热燃气到达设计的温度,降低机组的生成效率,日常实现,建议日常检查	E,故障模式发生的概率与时间无关,属于随机失效,建议使用日常维护	日常检查电加热器电路是否正常
			表面污染严重	2A,燃料气有污染物附着在其表面,增加了传热热阻,但很少发生,建议采用定时维护	使用性后果,要到达燃气要求的温度,需要增大输入功率,造成一定的生成损失,通过逻辑判断建议采用定时维护	B,存在故障概率急剧上升的时间,建议估算出故障概率分布曲线,确定相应时刻定时维护	8 000 h打开加热器底部首法兰,检查并清除脏物
		燃气调压阀	电路故障	2A,不能按要求打开,影响燃气压力调节,日常检查容易实现,建议日常检查	使用性后果,燃气相应的压力不能进行相应的调节,降低了机组的性能,日常检查容易实现	C,故障概率缓慢上升,难以确定具体的维护时间,日常检查容易发现,建议日常检查	日常检查阀门电路是否正常
			泄漏	2A,燃料气直接泄漏,但很少发生,建议采用定时维护	安全性后果,燃气直接泄漏到安全环境中,具有一定的压力的波动,影响机组的性能通过逻辑的判断建议采用定时维护	B,存在故障概率急剧上升的时间,建议估算出故障概率密度分布曲线,确定相应时刻定时维护	4 000 h检查阀门无气泄漏,停机状态检查阀门是否有结霜,变凉现象以确定是否存在内漏

（续表）

系统名称	功能	部件名称	故障模式	故障危害性	故障后果	故障模型	最终维护建议
	过滤	过滤器	滤芯破损	5A,致气机甚至透平造成不同程度的损坏,降低关键设备的寿命,建议很少发生,建议加强状态监测	安全性后果,杂质未经过过滤而直接进入燃烧室,透平的情况,产生一定的安全隐患,滤芯两侧的压差会有明显的波动,可以从传感器检测的数据上获取,根据逻辑检测建议进行状态检测	C,故障概率缓慢上升,难以确定具体的维护时间,建议进行状态监测	进行过滤器压损的趋势分析,判断过滤器的滤芯有无破损,如果判定滤芯破损抽样检查是否更换
			泄漏	5A,会造成和滤芯破损类似的影响,但是影响比滤芯破损稍小,对透平仍会造成不同程度的损坏,略微降低使用寿命,但是很少发生,建议加强状态监测	安全性后果,杂质未经过过滤而直接进入燃烧室,透平会平的安全隐患,但不滤芯破损微明显要小可以从传感器检测的数据上获取,根据逻辑检测建议进行状态检测	C,故障概率缓慢上升,难以确定具体的维护时间,建议进行状态监测	进行过滤器压损的趋势分析,判断过滤器的滤芯有无泄漏,如果判漏抽样检查是否更换
			堵塞	2B,影响仅限于经济性层面,比滤芯破损轻得多,建议计算其发生时同时进行趋势分析	使用性后果,易监测,通过逻辑判断图的判断采用状态监测	B,存在故障概率急剧上升的时间,建议估算出故障概率密度分布曲线,确定相应时刻定时维护	过滤器压损的趋势分析,判断有无滤芯堵塞如果判定滤芯堵塞抽样检查是否更换

（续表）

系统名称	功能	部件名称	故障模式	故障危害性	故障后果	故障模型	最终维护建议
		旋风分离器	气路短路	3A，分离过滤效果变差，后面有过滤器进行过滤，但严重降低后面过滤器的使用寿命，建议使用状态监测	安全性后果，易监测，通过逻辑判断图的判断建议采用状态监测	C，故障概率缓慢上升，难以确定具体的进行维护时间，建议进行状态监测	进行旋风分离器压损的趋势分析，判断旋风分离器有无气路短路
			堵塞	2A，造成燃气的压力损失过大，建议可采用状态监测	使用性后果，使燃气的压力达不到要求，通过逻辑判断图的判断建议采用状态监测	B，存在故障概率急剧上升的时间，建议估算出故障概率密度分布曲线，确定相应时刻定时维护	进行旋风分离器压损的趋势分析，判断旋风分离器有无堵塞
		过滤器疏水阀	泄漏	2B，处于关闭状态，且发生泄漏较小，建议可进行日常检查查阀门是否完好	安全性后果，分离液直接泄漏到环境中，造成环境污染，致使过滤器液位较低，易导致维修系统串气，通过逻辑判断图建议采用定时维护	B，存在故障概率急剧上升的时间，建议估算出故障概率密度分布曲线，确定相应时刻定时维护	日常检查阀门螺栓紧固，螺纹无损环。4 000 h检查阀门应无泄漏，在停机一段时间后检查液位是否有较大的变化判断阀门是否内漏，特别是时内漏
			堵塞或无法正常开启	3B，过滤器中的液位过高，致使过滤效果变差，建议日常检查查液位高度	非使用性后果，可通过检查监控或运行监控及时发现，即可通过手动排污阀门排污，影响不大，通过逻辑判断图的判断建议采用定时维护	B，存在故障概率急剧上升的时间，建议估算出故障概率密度分布曲线，确定相应时刻定时维护	日常目视检查液位的以及4 000 h检查是否有堵塞，检查阀门是否能够正常开启，执行机构无外观无损伤，应无卡证

（续表）

系统名称	功能	部件名称	故障模式	故障危害性	故障后果	故障模型	最终维护建议
	安全保障	燃气关闭阀	泄漏	2A,燃料气直接泄漏,但很少发生,建议采用定时维护	安全性后果,燃气直接泄漏到环境中,具有一定安全隐患,通过逻辑判断图的判断建议采用定时维护	B,存在故障概率急剧上升的时间,建议估算出故障概率密度分布曲线,确定相应时刻定时维护	4 000 h 检查阀门无燃料气泄漏、停机状态检查阀门后是否有结霜、变凉现象以确定是否存在内漏
		压力安全阀	泄漏	2A,燃料气直接泄漏,但很少发生,建议采用定时维护	安全性后果,燃气直接泄漏到环境中,具有一定安全隐患,通过逻辑判断图的判断建议采用定时维护	B,存在故障概率急剧上升的时间,建议估算出故障概率密度分布曲线,确定相应时刻定时维护	8 000 h 检查阀门无燃料气泄漏、停机状态检查阀门后是否有结霜、变凉现象以确定是否存在内漏
			频跳	2A,安全阀反复动作,造成安全阀的磨损,降低使用寿命,日常检查容易实现,建议日常检查	安全性后果,频跳无法达到需要的排放量,使系统的压力过高,具有一定安全隐患,日常检查日常检查	C,故障概率缓慢上升,难以确定具体的维护时间,日常检查容易检查	日常检查阀门电路是否正常
			卡阻	3A,不能正常排放燃气,有较大的安全隐患,但极少发生,建议定时检查	安全性后果,无法正常放燃气,致使系统的压力进一步提升,具有一定安全隐患,通过逻辑判断建议采用定时维护	B,存在故障概率急剧上升的时间,建议估算出故障概率密度分布曲线,确定相应时刻定时维护	8 000 h 检查阀门是否能够正常开启,应无卡阻

213

（续表）

系统名称	功能	部件名称	故障模式	故障危害性	故障后果	故障模型	最终维护建议
滑油系统	合成油	合成油系统电加热器	工作过程中超温、过热	2A,影响加热器自身寿命,其温度可通过油温实现,建议日常检查	安全性后果,造成油温过高,导致转子轴承、机油箱和附属齿轮箱润滑不良,部件磨损加剧,其温度可通过油温检查实现,建议日常检查	D,故障模式发生的概率与时间无关,属于早期失效,但日常检查较为方便,建议日常检查	日常通过油温检查合成油测电加热器是否超温
			电源电压超压或欠压	2A,日常检查容易实现,建议日常检查	安全性后果,不在额定电压下工作,影响自身寿命以及油温,日常检查容易实现,建议日常检查	D,故障模式发生的概率与时间无关,属于早期失效,但日常检查较为方便,建议日常检查	日常检查合成油加热器电压值
		合成油油箱	紧固件松动、密封垫损坏	1B,造成合成油泄漏,其影响很小,但发生的频率较高,日常检查容易实现,建议日常检查	安全性后果,造成一定合成油量减少,有一定的安全检查容易实现,建议日常检查	B,存在故障概率急剧上升的时间,由于日常检查容易实现,可直接进行日常检查	日常检查油箱液位情况以及紧固件松动、密封情况
			附件机匣内的齿轮等磨损	2A,造成合成油中出现金属屑,有一定的安全性影响,建议采用定时维护	安全性后果,致使润滑油中出现金属屑,造成滑油管路,可能堵塞润滑油供油中断,有一定安全隐患,通过逻辑决断图的判断建议采用定时维护	B,存在故障概率急剧上升的时间,建议估算出故障概率密度分布曲线,确定相应时刻定时维护	4 000 h 检查齿轮磨损情况且对合成油取样化验检查

（续表）

系统名称	功能	部件名称	故障模式	故障危害性	故障后果	故障模型	最终维护建议
			密封胶受损和剥落	2A,造成合成油泄漏,日常检查容易实现,建议日常检查	安全性后果,造成合成油量减少,有一定的安全隐患,日常检查容易实现,建议日常检查	B,存在故障概率急剧上升的时间,由于日常检查容易实现,可直接进行日常检查	日常检查油箱液位情况以及油箱的密封圈等部件
		合成油双联过滤器	滤芯堵塞	1B,造成滤芯处压损较大,比破损轻的多,但发生频率较高,建议计算其发生时间同时进行趋势分析	安全性后果,回油与供油均受到影响,造成滑油供油逻辑解决油路,易监测,通过判断断图的判断建议采用状态监测	B,存在故障概率急剧上升的时间,建议估算出故障概率密度分布曲线,确定相应时刻定时维护	进行过滤器差压趋势分析,过滤器差压到达高报警值时,先切换过滤器,后更换滤芯
			滤清器套管或管道有机械泄漏	2C,会造成和破损类似的影响,但是影响的小的多,综合严重性发生概率是危害性最低的一级,建议采用事后维护	安全性后果,故障后果似于滤芯破损,但是泄漏量小难以从传感器数据监测,建议对合成油取样化验检查,判断机械套管是否发生油泄漏	B,存在故障概率急剧上升的时间,建议估算出故障概率密度分布曲线,确定相应时刻定时维护	不采取维护措施,注意对合成油取样化验对套管的检查,发现有较大颗粒杂质时对过滤器进行检查
			滤芯损坏	2C,致主油箱,燃气发生器造成不同程度的损坏,且降低关键设备的寿命,发生的频率较高,建议加强对状态监测	安全性后果,合成油未经过滤直接进入主油箱,燃气发生器,严重降低设备的寿命,根据逻辑来断图建议进行状态监测	C,故障概率缓慢上升,难以确定具体的维护时间,建议以确定状态进行状态监测	进行过滤器差压趋势分析,判断有无破损如果判定滤芯破损,先切换过滤器,后更换滤芯

（续表）

系统名称	功能	部件名称	故障模式	故障危害性	故障后果	故障模型	最终维护建议
	矿物油	合成油温控阀	阀门开启异常	1A，不能按要求打开，影响合成油温度控制，日常检查容易实现，建议日常检查	安全性后果，造成回油温度过高，经过过滤器会对滤芯造成损坏，同时使油箱温度变高，日常检查容易实现，建议日常检查	C，故障概率缓慢上升，难以确定具体的维护时间，日常检查容易实现，建议日常检查	日常检查合成油温控阀门是否正常
		合成油齿轮泵	振动或异响	3A，会加剧齿轮或其他部件的磨损，造成比较大的安全后果，但很少发生，建议进行定期维护	安全性后果，加剧齿轮或其他部件的磨损，严重影响使用寿命，具有一定安全隐患，根据逻辑判断建议进行定期维护	E，故障模式发生的概率与时间无关，属于随机失效，由于状态监测和日常检查不易实现，建议进行定期维护	8 000 h 检查合成油泵无异响，振动
			泄漏	2B，造成合成油泄漏，发生的频率较高，但对系统的影响主要在于经济性，建议采用定时维护	使用性后果，导致油液流量下降，影响轴承返回到主油箱，通过逻辑判断图的判断建议采用定时维护	B，存在故障概率急剧上升的时间，建议估算出故障概率密度分布曲线，确定相应时刻进行定期维护	8 000 h 检查合成油泵本体无裂纹，裂痕，无泄漏
			油泵轴承损伤	2A，造成轴承磨损，产生高温和金属碎屑，很少发生，建议采用定期维护	使用性后果，轴承磨损，造成温度升高引起碳化而变黑，通过逻辑判断图的判断建议采用定时维护	E，故障模式发生的概率与时间无关，属于随机失效，由于状态监测和日常检查不易实现，建议进行定期维护	8 000 h 检查合成油泵轴承无损伤

（续表）

系统名称	功能	部件名称	故障模式	故障危害性	故障后果	故障模型	最终维护建议
		矿物油油箱	紧固件松动，密封垫损坏	1B，造成矿物油泄漏，其影响很小，但发生的频率较高，日常检查容易实现，建议日常检查	安全性后果，造成矿物油泄漏，有一定的安全隐患，日常检查容易实现，建议日常检查	B，存在故障概率急剧上升的时间，由于日常检查容易实现，可直接进行日常检查	日常检查油箱液位情况以及紧固件松动、密封情况
			附件机匣内的齿轮等磨损	2A，造成矿物油中出现金属屑，有一定的安全性影响，建议采用定时维护	安全性后果，致使矿物油中出现金属屑，可能堵塞滑油油路，造成矿物油供油中断，有一定安全隐患，通过逻辑决断图的判断建议采用定时维护	B，存在故障概率急剧上升的时间，建议估算出故障概率密度分布曲线，确定相应时刻定时维护	4 000 h 检查齿轮磨损情况对合成油取样化验检查
			密封胶受损和剥落	2A，造成矿物油泄漏，日常检查容易实现，建议日常检查	安全性后果，造成矿物油泄漏，有一定的安全隐患，日常检查容易实现，建议日常检查	B，存在故障概率急剧上升的时间，由于日常检查容易实现，可直接进行日常检查	日常检查油箱液位情况以及油箱的密封部件等情况
		矿物油双联过滤器	滤芯堵塞	1B，造成滤芯处压损较大，比破损率较高，但发生频率较多，建议计算其发生时间同时进行趋势分析	安全性后果，回油与供油均受到影响，造成滑油供油中断，易监测，通过逻辑决断图的判断建议采用状态监测	B，存在故障概率急剧上升的时间，建议估算出故障概率密度分布曲线，确定相应时刻定时维护	进行过滤器差压趋势分析，过滤器差压到达高报警值时，先切换过滤器，后更换滤芯

（续表）

系统名称	功能	部件名称	故障模式	故障危害性	故障后果	故障模型	最终维护建议
		矿物油单联过滤器	滤清器套管或管道有机械泄露	2B,会造成和破损类似的影响,但是影响较小的多,综合起来是危害率最低发生的一级,建议采用事后维护	安全性后果,故障后果似于滤芯破损,但是泄漏量小难以从传感器数据监测,建议对矿物油取样化验检查,判断机械套管是否发生泄漏	B,存在故障率,急剧上升的时间,建议估算出故障概率密度分布曲线,确定相应时刻定时维护	不采取维护措施,注意对矿物油取样化验检查,发现有较大颗粒杂质时对过滤器进行检查
			滤芯损坏	5B,致压气机,动力涡轮造成不同程度的损坏,降低关键设备的寿命,且发生的频率较高,建议加强状态监测	安全性后果,合成油未经过滤直接进入压气机,动力涡轮,严重降低设备的寿命,根据逻辑判断建议采用状态检测	C,故障概率缓慢上升,难以确定具体的维护时间,建议进行状态监测	进行过滤器差压趋势分析,过滤器差压损,判断有无滤芯破损,如果有滤芯破损,先切换过滤器,后更换滤芯
			滤芯堵塞	1B,造成滤芯处压损较大,比破损率较发生其计算时间同时进行趋势分析	安全性后果,回油与供油均受到影响,油路,造成滑油供油中断,易监测,通过断图的判断建议采用状态监测	B,存在故障率,急剧上升的时间,建议估算出故障概率密度分布曲线,确定相应时刻定时维护	进行过滤器差压趋势分析,过滤器差压达到高报警值时,先切换过滤器,后更换滤芯
			滤清器套管或管道有机械泄露	2B,会造成和破损类似的影响,但是影响较小的多,综合起来是危害率最低发生的一级,建议采用事后维护	安全性后果,故障后果似于滤芯破损,但是泄漏量小难以从传感器数据监测,建议对矿物油取样化验检查,判断机械套管是否发生泄漏	B,存在故障率,急剧上升的时间,建议估算出故障概率密度分布曲线,确定相应时刻定时维护	不采取维护措施,注意对矿物油取样化验检查,发现有较大颗粒杂质时对过滤器进行检查

（续表）

系统名称	功能	部件名称	故障模式	故障危害性	故障后果	故障模型	最终维护建议
			滤芯损坏	5B,致压气机,动力涡轮造成不同程度的损坏,降低关键设备的寿命,且发生的频率较高,建议加强状态监测	安全性后果,合成油未经过滤直接进入压气机,动力涡轮,严重降低动力涡轮的寿命,根据逻辑判断决断图建议进行状态检测	C,故障概率缓慢上升,难以确定具体的维护时间,建议进行状态监测	进行过滤器差压趋势分析,判断有无破损如果判定滤芯破损,先切换过滤器,后更换滤芯
		矿物油压力调节阀	阀门开启异常	1A,不能按要求打开,阀门的流量调节失效,造成的影响不大,日常检查容易实现,建议日常检查	非使用性后果,压力调节阀开度异常,造成的后果是阀门的流量调节功能失效,返回到主油箱的回油流量不稳定,不易被察觉,日常检查容易实现,建议日常检查	C,故障概率缓慢上升,难以确定具体的维护时间,日常检查容易实现,建议日常检查	日常检查矿物油压力调节阀门是否正常
		矿物油齿轮泵	振动或异响	3A,会加剧齿轮或其他部件的磨损,造成比较大的安全后果,但很少发生,建议进行定期维护	安全性后果,加剧其他部件的磨频,齿轮或其他部件的磨损,严重影响使用寿命,具有一定安全隐患,根据逻辑决断图进行定期维护	E,故障模式发生时间无关,属于随机失效,由于状态监测和日常检查不易施行,建议进行定期维护	8 000 h 检查矿物油泵无异响,振动
			泄漏	2B,造成合成油泄漏,发生的频率较高,但对系统的影响主要在于经济性,建议采用定期维护	使用性后果,导致油液流量下降,影响轴承回油返回到主油箱,通过逻辑判断的决断图建议采用定时维护	B,存在故障概率急剧上升的时间,建议估算出故障概率密度分布曲线,确定相应时刻定时维护	8 000 h 检查矿物油泵体无裂纹,裂痕,无泄漏

（续表）

系统名称	功能	部件名称	故障模式	故障危害性	故障后果	故障模型	最终维护建议
			油泵轴承损伤	2-A,造成轴承磨损,产生高温和金属碎屑,很少发生,建议采用定时维护	使用性后果,轴承磨损,造成温度升高引起炭化而变黑,通过逻辑决断断图的判断建议采用定时维护	E,故障模式发生的概率与时间无关,属于随机失效,由于状态监测和日常检查不易施行,建议进行定期维护	8 000 h 检查矿物油油泵轴承无损伤
		矿物油系统电动马达	有异响或振动	3-A,辅助油泵无法工作,产生影响动力涡轮和压气机的润滑,有较大的概率,但发生很少,建议采用定时维护	安全性后果,直接影响动力涡轮和压气机的润滑,从而影响安全的隐患,通过逻辑决断断图建议采用定期维护	E,故障模式发生的概率与时间无关,属于随机失效,由于状态监测和日常检查不易施行,建议进行定期维护	8 000 h 检查矿物油电动马达无异响、振动
			马达电阻积碳	2-A,只在经济上产生影响,且发生的概率很小,建议采用定时维护	使用性后果,造成接触不良,导致电流波动,油泵不能正常工作,通过逻辑决断图的判断建议采用定期维护	E,故障模式发生的概率与时间无关,属于随机失效,由于状态监测和日常检查不易施行,建议进行定期维护	8 000 h 检查矿物油电动马达
		空冷器风机	风机的叶片损伤或变形	2-A,会造成风机振动,影响风量但基本上很少发生,日常检查容易实现,建议采用日常检查	使用性后果,影响风机风量,造成设备传热性能降低,日常检查容易实现,建议日常检查	B,存在故障概率急剧上升的时间,但日常检查容易实现,建议进行日常检查	日常检查空冷器风机叶片有否完好无断裂、缺口

（续表）

系统名称	功能	部件名称	故障模式	故障危害性	故障后果	故障模型	最终维护建议
液压启动系统	加压	电动马达	防护网损坏	2A,致使风机的使用寿命降低,日常检查容易实现,建议日常检查	使用性后果,使风机失去保护,影响风机的使用寿命,日常检查容易实现	B,存在故障概率急剧上升的时间,但日常检查容易实现,建议日常检查	日常检查空冷器风机防护网是否完好无缺口
			输出转矩减少	1A,致使马承受的负载降低,对整个系统没有较大影响,日常检查容易实现,建议日常检查	使用性后果,造成马达输出功率减少,液压泵的排量和压力降低,影响整个系统启动,日常检查容易实现,建议日常检查	E,故障模式发生时间无关,日常检查容易实现,建议日常检查	日常检查电动马达是否运行正常
			转速降低	1A,对马达自身寿命有影响,并且影响液压泵的流量,但对整个系统没有较大影响,日常检查容易实现,建议日常检查	使用性后果,造成马达的排量减少,影响整个系统启动,日常检查容易实现,建议日常检查	E,故障模式发生时间无关,日常检查容易实现,建议日常检查	日常监测电动马达转速是否在正常范围内
			轴承温度升高	2A,造成润滑不良,影响马达寿命和输出转矩,造成一些经济利维修成本损失,但很少发生,建议采用定时维护	隐蔽性后果,轴承温度升高,没有对应测点,很难发现,通过逻辑决断图的判断建议采用定期维护	E,故障模式发生时间无关,属于随机失效,由于状态监测和日常检查不易施行,建议进行定期维护	4 000 h 检查电动马达轴承无损伤

（续表）

系统名称	功能	部件名称	故障模式	故障危害性	故障后果	故障模型	最终维护建议
		液压泵	泄漏	2B,发生的频率较高,但仅造成一些经济损失,对系统没有太大影响,建议采用定时维护	使用性后果,导致油泵的流量下降,工作压力下降,影响机组正常启动,通过逻辑决断图的判断采用定时维护	B,存在故障概率急剧上升时的时间,建议估算出故障概率密度分布曲线,确定相应时刻定时维护	8 000 h检查液压泵体无裂纹,裂痕,无泄漏
			轴承损伤	2A,仅有经济性的影响,很少发生,建议采用定时维护	使用性后果,造成温度升高,轴承磨损等部件在高温下工作,使其效率和寿命下降,通过逻辑决断图的判断采用定时维护	E,故障模式发生时间无关于随机失效,属于状态监测和日常检查不易施行,建议进行定期维护	8 000 h检查液压泵轴承无损伤
		电磁阀	不能按要求动作	2A,不能正常调节油量,但造成的影响不大,日常检查容易实现,建议日常检查	使用性后果,造成液压油流量调节功能丧失,日常检查容易实现,建议日常检查	C,故障概率缓慢上升,难以确定具体的维护时间,日常检查容易实现,建议日常检查	日常检查液压油系统电磁阀是否正常
		压力控制阀	密封圈损坏	2A,造成液压控制液压油泄漏,不能正常控制液压油的压力,但很少发生,日常检查容易实现,建议日常检查	使用性后果,造成液压油压力出现波动,可能造成启动失败,日常检查容易实现,建议日常检查	B,存在故障概率急剧上升时的时间,由于日常检查容易实现,可直接进行日常检查	日常检查压力控制阀是否存在泄漏,是否能正常工作

（续表）

系统名称	功能	部件名称	故障模式	故障危害性	故障后果	故障模型	最终维护建议
		冷却风机	风量过小	2A,影响风量,导致冷却效果不佳,但基本上很少发生,建议日常检查容易实现检查	使用性后果,影响风机的风量,使油温过高,导致泄漏增加以及在高温下工作,使其效率下降,日常检查容易实现,建议日常检查	B,存在故障概率急剧上升的时间,但日常检查容易实现,建议日常检查	日常检查冷却风机是否正常工作,转速是否正常
		冷却风机电动马达	输出转矩减少	1A,致使马达承受的负载降低,对整个系统没有较大影响,日常检查容易实现,建议日常检查	使用性后果,造成冷却风机的冷却风量不足,导致冷却效果不好,日常检查容易实现,建议日常检查	E,故障模式发生的概率与时间无关,日常检查容易实现,建议日常检查	日常检查冷却风机电动马达是否运行正常
			转速降低	1A,对马达自身寿命有影响,并且影响冷却风机的流量,但对整个系统没有较大影响,日常检查容易实现,建议日常检查	使用性后果,造成冷却风机的冷却效果不好,日常检查容易实现,建议日常检查	E,故障模式发生的时间与概率无关,日常检查容易实现,建议日常检查	日常监测电动马达转速是否在正常范围内
			轴承温度升高	2A,造成润滑不良,影响转矩,马达寿命和输出转矩,造成一些经济和维修成本损失,但很少发生,建议采用定时维护	隐蔽性后果,轴承温度升高,没有对应测点,很难发现,通过逻辑决断图的判断建议采用定时维护	E,故障模式发生的时间与概率无关,属于随机失效,由于状态监测和日常检查不易施行,建议进行定期维护	4 000 h 检查冷却风机电动马达轴承有无损伤

(续表)

系统名称	功能	部件名称	故障模式	故障危害性	故障后果	故障模型	最终维护建议
	过滤	液压油过滤器	堵塞	2A,造成滤芯处压损较大,比破损轻的多,建议计算其发生时时间同时进行趋势分析	使用性后果,需要增加液压泵的负荷,否则影响系统的启动,易监测,通过逻辑决断图的判断建议采用状态监测	B,存在故障概率急剧上升的时间,建议估算出故障概率分布曲线,确定相应时刻定时维护	进行过滤器差压趋势分析,过滤器差压到达高报警值时,先切换过滤器,后更换滤芯
			滤芯破损	3A,致液压泵部件造成磨损,降低设备的寿命,建议加强状态监测	安全性后果,过滤器经部件,严重降低设备的寿命,根据逻辑决断图进行状态检测	C,故障概率缓慢上升,难以确定具体的维护时间,建议进行状态监测	进行过滤器差压趋势分析,判断有无破损如果判定滤芯破损,先切换过滤器,后更换滤芯
干气密封系统	过滤	干气密封前置过滤器	滤芯破损、O型密封环损坏	2A,致密管密封和螺旋槽密损严重程度进而引起密封失效,建议加强状态监测	安全性后果,杂质未经过过滤而直接进入设备内,产生一定的安全隐患,滤芯两侧的压差会有明显的波动,可以从传感器检测的数据上获取,根据逻辑决断图建议进行状态检测	C,故障概率缓慢上升,难以确定具体的维护时间,建议进行状态监测	干气密封前置过滤器滤芯差压趋势分析,判断有无破损
			滤芯脏	2B,主要是造成经济性的损失,且故障严重程度和故障时间有密切关系,建议采用定期维护	隐蔽性后果,滤芯脏是一个积累过程,一般不会马上表现出故障导致停机或者仪表数据的较大变化,故而较难察觉,根据逻辑决断图建议进行定期维护	B,存在故障概率急剧上升的时间,建议估算出故障概率分布曲线,确定相应时刻定时维护	4 000 h检查干气密封前置过滤器滤芯

（续表）

系统名称	功能	部件名称	故障模式	故障危害性	故障后果	故障模型	最终维护建议
			堵塞	2B，影响仅限于经济性层面，比滤芯破损轻的多，但发生频率较高，建议计算其发生时间同时进行趋势分析	使用性后果，易监测，通过逻辑判决断图的判断建议采用状态监测	B，存在故障概率急剧上升的时间，建议估算出故障概率密度分布曲线，确定相应时刻定时维护	干气密封前置过滤器滤芯差压趋势分析，判断断有无堵塞
		模块化过滤器	滤芯破损、O 型密封环损坏	2A，致迷宫密封和螺旋槽造成严重磨损而引起密封失效，建议加强状态监测	安全性后果，杂质未经过过滤而直接进入设备内，产生一定的安全隐患，滤芯两侧的压差会有明显的波动，可以从传感器检测的数据上提取，根据逻辑判决断图建议进行状态检测	C，故障概率缓慢上升，难以确定具体的维护时间，建议进行状态监测	模块化过滤器滤芯差压趋势分析，判断有无破损
			滤芯脏	2B，主要是造成经济性的损失，且故障严重程度和时间有密切关系，建议采用定期维护	隐蔽性后果，过滤器滤芯脏是一个积累过程，一般不会马上表现出故障导致停机或者仪表数据的较大变化，故而较难觉察，根据决解逻辑图建议进行定期维护	B，存在故障概率急剧上升的时间，建议估算出故障概率密度分布曲线，确定相应时刻定时维护	4 000 h 检查模块化过滤器滤芯

225

（续表）

系统名称	功能	部件名称	故障模式	故障危害性	故障后果	故障模型	最终维护建议
	压力控制	压力控制阀	堵塞	2B,影响仅限于经济性层面,比滤芯破损率较高,但发生频率较高,建议计算其发生时间同时进行趋势分析	使用性后果,易监测,通过逻辑判断决图的判断建议采用状态监测	B,存在故障率急剧上升的时间,建议估算出故障概率密度分布曲线确定相应时刻定时维护	模块化过滤器滤芯差压趋势分析,判断有无堵塞
			密封圈损坏	2A,造成压力无法控制和泄漏,但很少发生,建议采用定时维护	使用性后果,压力无法控制压缩机进口处不正常回流导致不正常的流动受阻,通过逻辑判断图的判断建议采用定时维护	B,存在故障率急剧上升的时间,建议估算出故障概率密度分布曲线确定相应时刻定时维护	8 000 h检查压力控制阀执行机构,干气密封供给压力要保持在正常给定范围内,当压力满足条件时,阀门全关,此时差压保持相对稳定
压气机	气动	进气道	泄漏	2A,生产区内未经过滤的空气将进入核心设备,降低其寿命,建议状态监测	使用性后果,含有杂质的空气进入燃机,可能引发故障停机,易监测,建议状态监测	C,故障概率缓慢上升,难以确定具体的维护时间,建议进行状态监测	进行进气道压损趋势分析,判断是否出现泄漏
			堵塞	1A,仅增加机组运行时的燃料消耗,且很少发生,建议事后维护	经济性后果,压气机入口压力降低,压气机耗功与效率增加,系统经济性降低,易监测,建议状态监测	B,存在故障率急剧上升的时间,建议估算出故障概率密度分布曲线确定相应时刻定时维护	进行进气道压损趋势分析,判断是否出现堵塞

（续表）

系统名称	功能	部件名称	故障模式	故障危害性	故障后果	故障模型	最终维护建议
		压气机	叶片结垢	1B,影响仅限于经济性层面,但发生频率较高,建议进行状态监测	经济性后果,增加机组的燃料消耗,易监测,建议状态监测	B,存在故障概率急剧上升的时间,建议估算出故障概率曲线,确定相应时刻定时维护	进行状态监测与气路诊断,视情维护
			叶片腐蚀与磨损	1A,影响仅限于经济性层面,发生概率不高,但维护成本昂贵,建议加强状态监测	经济性后果,增加机组的燃料消耗,易监测,建议状态监测	C,故障概率缓慢上升,难以确定具体的维护时间,建议进行状态监测	进行状态监测与气路诊断,视情维护
			叶片顶端间隙增大	1A,影响仅限于经济性层面,发生概率不高,但维护成本昂贵,建议加强状态监测	经济性后果,增加机组的燃料消耗,易监测,建议状态监测	C,故障概率缓慢上升,难以确定具体的维护时间,建议进行状态监测	进行状态监测与气路诊断,视情维护
			叶片受外来物损伤	2A,影响设备使用,发生频率较低,但后果严重,且维护成本高,建议进行状态监测	使用性后果,易监测,造成故障停机,影响设备正常使用,建议采用状态监测	E,故障模式发生时间无关,但状态监测较为方便,建议进行状态监测	进行状态监测与气路诊断,视情维护
结构		叶片	叶片震颤	5A,叶片叶尖磨损,叶根裂纹或折断,引起整机振动过大,如有折片发生则容易造成叶片大量折断击穿机匣造成严重安全事故,故建议进行状态监测	安全性后果,此故障发生概率极低容易造成重大安全事故,建议采用密切的状态监测	C,故障概率缓慢上升,难以确定具体的维护时间,建议进行状态监测	以状态监测为基础,采取预防性维护与预测性维护相结合的维护措施

227

（续表）

系统名称	功能	部件名称	故障模式	故障危害性	故障后果	故障模型	最终维护建议
			喘振	5A,产生轴向强烈振动、损坏压气机叶片、碎片击伤击穿机匣、附件、燃烧室。建议进行状态监测	安全性后果,此故障发生概率极低但故障容易造成重大安全事故,故建议进行密切的状态监测	E,故障模式发生的概率与时间无关,但状态监测较为方便,建议进行状态监测	以状态监测为基础,采取预测性维护与预测性维护措施结合的维护措施
		燃烧室	燃料喷嘴堵塞	1A,影响仅限于经济性层面,发生概率不高,但维护成本昂贵,建议加强状态监测	经济性后果,增加机组的燃料消耗,易监测,建议状态监测	D,故障模式发生的概率与时间无关,属于早期失效,易监测,建议进行状态监测	进行状态监测与气路诊断,视情维护
			燃烧室变形	1A,影响仅限于经济性层面,发生概率不高,但维护成本昂贵,建议加强状态监测	经济性后果,增加机组的燃料消耗,易监测,建议状态监测	E,故障模式发生的概率与时间无关,但状态监测较为方便,建议进行状态监测	进行状态监测与气路诊断,视情维护
	气动	涡轮	叶片结垢	1A,影响仅限于经济性层面,发生概率不高,但维护成本昂贵,建议加强状态监测	经济性后果,增加机组的燃料消耗,易监测,建议状态监测	B,存在故障概率急剧上升的时间,建议估算出故障概率密度分布曲线,确定相应时刻进行维护	进行状态监测与气路诊断,视情维护
			叶片腐蚀	1A,影响仅限于经济性层面,发生概率不高,但维护成本昂贵,建议加强状态监测	经济性后果,增加机组的燃料消耗,易监测,建议状态监测	C,故障概率缓慢上升,难以确定具体的维护时间,建议进行状态监测	进行状态监测与气路诊断,视情维护

（续表）

系统名称	功能	部件名称	故障模式	故障危害性	故障后果	故障模型	最终维护建议
			喷嘴腐蚀	1A,影响仅限于经济性层面,发生概率不高,但维护成本昂贵,建议加强状态监测	经济性后果,增加机组的燃料消耗,易监测,建议状态监测	C,故障概率缓慢上升,难以确定具体的维护时间,建议进行状态监测	进行状态监测与气路诊断,视情维护
			叶片受外来物损伤	2A,影响设备使用,发生频率较低,但后果严重,且维护成本高,建议状态监测	使用性后果,造成故障停机,影响设备正常使用,易监测,建议采用状态监测	E,故障模式发生的概率与时间无关,但状态监测较为方便,建议进行状态监测	进行状态监测与气路诊断,视情维护
	结构	叶片	摩擦磨损	1A,叶片擦伤,与缸壁磨碰引起转子振动不良,刮伤气缸壁。建议进行状态监测	使用性后果,该故障会引起可监测的不良振动,建议进行状态监测	B,存在故障概率急剧上升的时间,建议结合状态监测估计出故障概率密度分布曲线,确定预防性维护时刻	以状态监测为基础,采取预防性维护措施
			热疲劳	1B,叶片塑性变形,造成轴系上有不平衡质量,引起不良振动。建议进行状态监测	使用性后果,该故障会引起可监测的不良振动,建议进行状态监测	B,存在故障概率急剧上升的时间,建议结合状态监测估计出故障概率密度分布曲线,确定预防性维护时刻	以状态监测为基础,采取预防性维护措施

（续表）

系统名称	功能	部件名称	故障模式	故障危害性	故障后果	故障模型	最终维护建议
		排气蜗壳	机械疲劳	1B,叶片塑性变形,造成不平衡质量,引起轴系上有不良振动。建议进行状态监测	使用性后果,该故障会引起可监测的不良振动,建议进行状态监测	B,存在故障概率急剧上升的时间,建议结合状态监测估算出故障概率密度分布曲线,确定预防性维护时刻	以状态监测为基础,采取预防性维护措施
			泄漏	2A,高温透平排气进入生产区,引起生产区的安全隐患,但是很少发生,建议加强状态监测	安全性后果,易监测,建议采用状态监测	C,故障概率缓慢上升,难以确定具体的维护时间,建议进行状态监测	进行排气道压损趋势分析,判断排气蜗壳有否出现泄漏
			堵塞	1A,故障基本上很少发生,对机组的影响也是最轻一级,建议进行状态监测	经济性后果,影响机组运行效率,易监测,采用状态监测	B,存在故障概率急剧上升的时间,建议估算出故障概率密度分布时刻,确定相应时刻进行维护	进行排气道压损趋势分析,判断排气蜗壳有否出现堵塞。
转子系统	结构	拉杆	拉杆紧力不均	1A,拉杆变形导致转子自身热变形,影响整机停机的正常使用,有时伴随起停机。建议进行状态监测	使用性后果,该故障会引起可监测的不良振动,建议进行状态监测	C,故障概率缓慢上升,难以确定具体的维护时间,建议进行状态监测	以状态监测为基础,采取预防性维护措施

（续表）

系统名称	功能	部件名称	故障模式	故障危害性	故障后果	故障模型	最终维护建议
		盘鼓	盘鼓抽气口受热不均	1A，盘鼓抽气口热变形，引起转子振动爬升，进而引起跳闸影响整机正常使用。建议进行状态监测	使用性后果，该故障会引起可监测的不良振动。建议进行状态监测	B，存在故障概率急剧上升的时间，建议结合状态监测估算出故障概率密度分布曲线，确定预防性维护时刻	以状态监测为基础，采取预防性维护措施
		转子轴系	热弯曲	1A，转子变形振动过大，引起压气机转子叶片与机匣以及转子封片与静子叶片封严严严严重时，造成转子叶片头部多处和出现角和出现裂纹等现象。建议进行状态监测	使用性后果，该故障会引起可监测的不良振动。建议进行状态监测	C，故障概率缓慢上升，难以确定具体的维护时间，建议进行状态监测	以状态监测为基础，采取预防性维护措施
			对中不良	1A，转子自身振动增强引起轴瓦自激润滑油油温上升。建议进行状态监测	使用性后果，该故障会引起可监测的不良振动。建议进行状态监测	B，存在故障概率急剧上升的时间，建议结合状态监测估算出故障概率密度分布曲线，确定预防性维护时刻	以状态监测为基础，采取预防性维护措施
			动平衡不佳	1A，不稳定振动轴向振动大，损伤轴瓦。建议进行状态监测	使用性后果，该故障会引起可监测的不良振动。建议进行状态监测	C，故障概率缓慢上升，难以确定具体的维护时间，建议进行状态监测	以状态监测为基础，采取预防性维护措施

（续表）

系统名称	功能	部件名称	故障模式	故障危害性	故障后果	故障模型	最终维护建议
轴承	为转子轴系提供支承和润滑	轴承	其他部件	透平锁片脱落	1A.转子失衡受迫振动导致热衬刮伤。建议进行状态监测	使用性后果，该故障会引起可监测的不良振动，建议进行状态监测	E,故障模式发生的概率与时间无关，但状态监测较为方便，建议进行状态监测
			油膜振荡	1B.引起轴承的不良振动造成整机轴系失稳振动加剧而引起停车。建议进行状态监测	E,故障模式发生的概率与时间无关，但状态监测较为方便，建议进行状态监测	E,故障模式发生的概率与时间无关，但状态监测较为方便，建议进行状态监测	以状态监测为基础，采取预防性维护措施
			热损环	1A.轴承挡油环与轴颈高温烧结损坏，引起机壳振动高联锁跳车，进行状态监测	使用性后果，该故障会引起可监测的不良振动，建议进行状态监测	E,故障模式发生的概率与时间无关，但状态监测较为方便，建议进行状态监测	以状态监测为基础，采取预防性维护措施
			机械磨损	1B.轴承间隙增大，引起整机强烈振动影响使用。建议进行状态监测	使用性后果，该故障会引起可监测的不良振动，建议进行状态监测	E,故障模式发生的概率与时间无关，但状态监测较为方便，建议进行状态监测	以状态监测为基础，采取预防性维护措施

（续表）

系统名称	功能	部件名称	故障模式	故障危害性	故障后果	故障模型	最终维护建议
附件及其他	结构	联轴器	润滑不足	1A,轴瓦严重损坏引起转子弯曲,齿轮箱严重损坏,机组无法带负荷运行。建议进行状态监测	使用性后果,该故障会引起可监测的不良振动,建议进行状态监测	E,故障模式发生的概率与时间无关,但状态监测较为方便,建议进行状态监测	以状态监测为基础,采取预防性维护措施
			安装不当	1A,驱动载荷不平衡、破坏转子动平衡引起振动超限。建议进行状态监测	使用性后果,该故障会引起可监测的不良振动,建议进行状态监测	B,存在故障概率急剧上升的时间,建议结合状态监测估算出故障概率密度分布曲线,确定预防性维护时刻	以状态监测为基础,采取预防性维护措施
		负荷齿轮箱	对中不良	1A,低速轴传扭花键轴严重损坏,轴瓦损坏,进气隔板轴向晃动,高,转子有明显的窜动。建议进行状态监测	使用性后果,该故障会引起可监测的不良振动,建议进行状态监测	B,存在故障概率急剧上升的时间,建议结合状态监测估算出故障概率密度分布曲线,确定预防性维护时刻	以状态监测为基础,采取预防性维护措施
		发电机	发电机转子匝间短路	1A,发电机电磁失衡,有烧焦现象引起振动超限报警。建议进行状态监测	安全性后果,该故障会引起可监测的不良振动,建议进行状态监测	E,故障模式发生的概率与时间无关,但状态监测较为方便,建议进行状态监测	以状态监测为基础,采取预防性维护措施

附录 B　目标燃驱压缩机组维修大纲

编号	检查项目	具体内容	日常/视情	4 000 h	8 000 h
1	进气滤芯目视检查	进气滤芯表面有无明显破损,有无附着大块杂物	√		
2	可燃气体探测器目视检查	可燃气体探测器有无损坏,表面有无杂物,有无被遮挡,监测方向有无变动	√		
3	进气室检查	进气室的密封舱门可否完全密封,门锁有无损坏			√
4	脉冲清吹检查	脉冲清吹空气有无泄漏	√		
5	空气通道检查	进气道内部是否清洁,消音器有无破损,法兰连接处是否有泄漏,膨胀节是否损坏,金属拦截滤网是否有破损,排气蜗壳内是否有积水、油污等,根据需要完成清洁工作			√
6	防冰系统检查	防冰阀可否正常开启,防冰喷嘴有无损坏			√
7	进气滤芯差压趋势分析	进行进气滤芯差压趋势分析,判断有无堵塞或破损,如果判定滤芯失效,即任意抽查 8 个滤芯进行检查,决定是否更换;如没有失效,估计滤芯剩余寿命,决定下次分析时间		√	
8	进气道、排气道压损趋势分析	进行进气道、排气道压损趋势分析,判断膨胀节是否损坏,法兰连接处是否有泄漏,消音器有否破损、排气蜗壳有否出现泄漏或者堵塞	√		
9	监测数据检查	进气滤芯压差、可燃气体探头、脉冲反吹空气压力、进气道压损、通风机振动和温度	√		
10	二氧化碳橇体内检查	橇体内温度是否正常,有无泄漏,二氧化碳管线是否有泄漏,二氧化碳钢瓶有否出现失重报警	√		

（续表）

编号	检查项目	具体内容	日常/视情	4 000 h	8 000 h
11	二氧化碳钢瓶检查	检查二氧化碳钢瓶重量有否明显降低			√
12	风道挡板检查	风道挡板能否正常调节,表面是否残留污染物			√
13	通风机检查	通风机叶片有否出现损坏,备用电机能否正常切换,能否正常工作			√
14	矿物油系统过滤器压差趋势	过滤器差压到达高报警值时,先切换过滤器,后更换滤芯	√		
15	合成油系统过滤器压差趋势	过滤器差压到达高报警值时,先切换过滤器,后更换滤芯	√		
16	温控阀目视检查	如果持续发生回油温度过高的情况,并且油液中没有金属屑出现,则建议检查温控阀阀门开度是否异常; 如果油温超过阀门设定温度,则对温控阀调节	√		
17	VSV 泵的视情检查	若观测到合成油油箱中的油量明显减少,并且管线和油箱无泄漏,建议检查 VSV 齿轮泵的密封是否失效	√		
18	矿物油、合成油取样化验检查	根据维护检修规程的要求对滑油取样化验,包括黏度、闪点、水分、酸值、抗泡性和铁谱等指标检查		√	
19	合成油系统管线检查	合成油系统挠性软管应无泄漏、磨损、变扁区、弯管内径上无褶皱和折裂,管线表面应无合成油附着			√
20	合成油供油泵、回油泵泄漏情况	停机后箱体冷却下来后进入箱体检查泵各连接点应无泄漏、渗漏,在非机加工表面是否有裂痕、刻痕和划伤,保险拉丝无丢失或断裂,密封面接合严密,螺纹有损坏或松动			√
21	合成油箱的液位检查	液位计各连接点应无泄漏,液位高度是否与HMI 是显示值相符合。检查液位同时,也要检查油箱的密封圈等部件,更换接近报废极限的零部件	√		
22	合成油油气分离器检查	检查冷却管束无裂纹、泄漏、渗漏;液位要高于视窗			√

(续表)

编号	检查项目	具体内容	日常/视情	4 000 h	8 000 h
23	合成油、矿物油冷却器检查	挡板固定螺栓无损坏、螺纹应无破坏、无松动,挡板无变形、裂纹,检查仪表风供给应正常,在信号线上供给或断开 24 V 电源,挡板应能全开全关			√
24	矿物油箱液位检查	机组运行时液位低于矿物油油箱低报警时需要添加润滑油,但添加后液位不高于厂家规定的最高高度			√
25	矿物油橇体的检查	停机状态检查管线应无裂痕,在弯管的内径无褶皱、折裂和变扁区,法兰连接面应严密;机组运行时或刚停机时检查管线应无漏油			√
26	矿物油系统的安全阀检查	机组运行时检查矿物油汇管压力在正常工作范围,如果不满足要求调节压力控制阀;机组运行时检查矿物油回油压力是否为正常工作范围,如果不满足要求调节压力安全阀	√		
27	合成油、矿物油油泵检查	检查各油泵泵体无裂纹、裂痕			√
28	矿物油油气分离器橇检查	检查马达无异响、振动正常,无泄漏;检查机组运行时液位是否显示正常			√
29	空冷器风机检查	叶片完好无断裂、缺口;皮带轮完好无裂纹缺陷、和电机皮带轮平行正对,无偏斜;防护网、排空阀和排污阀完好无损坏	√		
30	启动系统液压油检查	委托专业的润滑油化验机构进行		√	
31	液压启动橇内检查	橇内是否有杂物、油污;电动机、冷却风扇的运行时的温度、振动是否正常;启动油箱液位是否正常		√	
32	液压系统检查	液压泵、软管、法兰连接处、阀门处是否存在泄漏		√	
33	液压油滤芯差压趋势分析	进行液压油滤芯差压趋势分析,判断有无堵塞或破损,如果判定滤芯失效,决定是否更换;如没有失效,估计滤芯剩余寿命,决定下次分析时间		√	

(续表)

编号	检查项目	具体内容	日常/视情	4 000 h	8 000 h
34	燃料气的泄漏检查	使用可燃气体检测仪检查有无燃料气泄漏,检查管路和接头处是否有破损导致燃料气泄漏	√		
35	排污阀检查	检查阀门应无泄漏,在停机一段时间后检查液位是否有较大的变化判断阀门是否有泄漏,特别是内漏情况;检查阀门螺栓紧固,螺纹无损坏;检查阀门是否能够正常开启,应无卡涩	√	√	
36	压力安全阀检查	打开安全阀的放空侧,检测应无天然气泄漏;检查压力安全阀的压力设定值是否正常;检查阀门是否能够正常开启,应无卡涩			√
37	燃料气入口阀,燃料气截止阀,放空阀,暖机阀以及燃料气计量调节阀的检查	检查各阀门应无燃料气泄漏,停机状态检查阀后是否有结霜、变凉现象以确定是否存在内漏;检查阀门是否能够正常开启,执行机构外观无损伤,应无卡涩	√	√	
38	过滤系统的压损趋势分析	进行过滤器压损的趋势分析,判断过滤器的滤芯有无破损或堵塞,旋风分离器有无气路短路		√	
39	过滤分离器的检查	根据分离器的液位变送器,判断是否需要排污	√		√
40	加热器的检查	打开加热器底部盲法兰,检查并清除脏物			√
41	Y 型过滤器滤网检查	检查滤网有无破损或堵塞		√	
42	气路阀门目视检查	带压停机,使用可燃气体探测仪检查入口手动球阀和气动阀的密封性;检查气动阀位置开关正常	√		
43	干气密封过滤器与前置过滤器滤芯	检查干气密封过滤器与前置过滤器差压,确定是否需要拆检及下次拆检时间(进行视情维修)		√	
44	干气密封与过滤器排污	压缩机驱动端、非驱动端排污;过滤器前置过滤器加热器等排污		√	

（续表）

编号	检查项目	具体内容	日常/视情	4 000 h	8 000 h
45	前置过滤器和加热器底部排污	按照维护检修操作规程进行执行检查			√
46	管路目视检查	停机时检查密封气管线无裂纹、裂痕、刻痕，法兰结合面应严密	√		
47	仪表情况目视检查	目视检查仪表工作情况	√		
48	过滤器与加热器壳体目视检查	目视检查撬体的密封性完好；密封盲板严密，无泄漏、渗漏，螺栓紧固完好，螺纹无损坏，螺母完好	√		
49	电磁阀、压力阀等执行机构检查	压缩机正常运行时，排气压力一般要在正常工作范围内，流量显示正常，流量计指针在该范围内摆动；干气密封供给压力要保持在正常范围内，当压力满足条件时，阀门全关，此时差压保持相对稳定			√
50	气路状态监测与故障诊断	对大气温度、大气压力、压气机入口温度、压气机入口压力、压气机出口温度、压气机出口压力、涡轮排气压力、涡轮排气温度、转速、燃料量实施状态监测；选取合适的气路分析方法对燃机部件性能衰退程度进行评估，将评估结果与故障判据进行比对，确定燃机的气路故障情况	√		
51	气路突发性故障维护	优先分析排气蜗壳泄漏、进气道泄漏、压气机叶片击伤、涡轮叶片击伤，一旦发现立即安排停机检查	√		
52	气路保养	对由运营商自行维护的故障（压气机结垢、涡轮结垢、进气道堵塞、排气蜗壳堵塞）应持续关注其故障程度，结合实际生产需求，适时安排停机维护。建议当故障程度大于75%时，停机维护	√		
53	气路中修/大修	对由原始设备制造商维护的故障（压气机叶片腐蚀与磨损、压气机叶片顶端间隙增大、燃料喷嘴堵塞、燃烧室变形、涡轮喷嘴腐蚀、涡轮叶片腐蚀与磨损等）应进行趋势分析与预测，综合考虑可靠性与经济性，确定合适的大修时间	√		

（续表）

编号	检查项目	具体内容	日常/视情	4 000 h	8 000 h
54	结构强度状态监测与故障诊断	对压气机、涡轮以及负载各部分的 x 方向、y 方向、轴向的振动测点以及轴心轨迹测点，以及转速、负荷实施状态监测；选取合适的信号分析方法对燃气轮机结构强度相关部件的振动情况进行分析，将分析结果与故障判据进行比对，确定燃机结构强度故障情况	√		
55	结构强度突发性故障维护	优先分析压气机叶片震颤与喘振，一旦发现立即进行紧急维护措施并安排停机检查。对于其他随机性故障，建议密切关注机组振动情况，基于可监测的故障征兆与故障发展情况安排停机维护	√		
56	结构强度保养	对由运营商自行维护的故障（存在早期失效的故障如转子间对中不良、联轴器故障、负荷齿轮箱对中不良、拉杆尽力不均等）以及注其故障程度，结合实际生产需求，适时安排停机维护	√		
57	结构强度中修/大修	对由原始设备制造商维护的故障（涡轮叶片摩擦磨损、热疲劳、机械疲劳、转子热弯曲）应进行趋势分析与预测，综合考虑可靠性与经济性，确定合适的大修时间	√		

索　引